中国テレビ業界
潮流と可能性

テレビの世界からアプローチする中華圏

吉松　孝

東京図書出版

まえがき

政治上の駆け引きが展開され、刻一刻、めまぐるしく変化する中国大陸と台湾の関係性。中国では中国大陸と台湾の関係性を「両岸《リャンアン》」と呼ぶが、政界・経済界から民間交流に至るまで、日本も「両岸関係」から何らかの影響を受け続けている。私はこれまで、日本、台湾、中国大陸などで、番組制作プロデューサーや司会者という立場で番組制作や出演、取材等に携わってきた。「海外のテレビ番組に出演する」ということは、「想像のつかない」世界であったが、時代の流れや、流れから得た「縁」などが、様々な海外メディア経験へと導いてくれた。中国に渡るまでは「中国の番組は堅苦しくてつまらない」ものだと思っていた。しかし、撮影に加わり、内容を見ると、「見応えのある番組が多いじゃないか」とイメージが変わった。言論の規制や触れてはいけないタブーも存在するが規制ははっきりと線引きされており、規制以外のエリアでは、司会者もゲストも自由に遊ぶ感じすらある。

日本と中国では、番組制作に関しての考え方が違う点が存在し、「分業」に関する考え方も違う。中国のメディア人材は、専門職（スペシャリスト）というより総合職（ゼネラリスト）的発想が大きい。そして、キャスターが取材からナレーション、編集まで携わるなど全般的な業務をこなすため視野が広い。多くが「メディア（伝媒《チュアンメイ》）大学」を卒業し、包括的任務は過酷ではあるが、意識も責任感も強い状況で仕事に励む。現地ディレクターやプロデューサーらに制作舞台の裏側についても聞き、出演者、タレントらとも交流を深めることができた。本書では、私の海外（特に中華圏）メディアでの体験を交え、台湾や中国大陸のテレビ局事情、撮影等での舞台裏、アジア・メディア業界の今後の展望などについてご紹介したい。

中国テレビ業界　潮流と可能性　目次

3

中華圏のテレビ文化（中国大陸、台湾）

1 中華圏、テレビシステムの概要

地方から全国へ ―― 中華圏のテレビシステム

映像は、簡単に国境を越えていく。台湾で放送されている多くの番組は、放送後、一部の視聴者によって「土豆網《トウートウワン》」「優酷《ヨウク》」といった動画共有サイトにアップロードされ、中国大陸の一般ネットユーザーが視聴する。台湾番組は中国大陸のテレビチャンネルでは放送されないが、中国のインターネット動画配信網は大きく張り巡らされ、インターネット経由のパソコンで視聴される。まして、海外の映像を最も真剣に見ているのは、「テレビ番組制作者」だ。中国人テレビ制作者は、台湾からの映像を、「研究材料」と捉えている。台湾は「中華圏への芸能発信基地」という位置づけで、台湾人歌手やタレントが大陸で活躍するという例も少なくない。テレビ番組も、インターネットを通じて中国テレビ制作者の元に届き、番組構成、撮影手法、編集の方法などが参考にされている。実際、青海《チンハイ》テレビには、「海外で放送されている番組を研究する部署」があった。

各家庭のテレビ契約によっても違うが、基本的に、中国では、地方局（省都）の番組が別の地方からも視聴できる。四川省成都《チェントウ》にいても、黒龍江《ヘイロンジャン》テレビや、広東《グワントン》テレビの国内の他地域の番組を見ることができる。実際、内陸の長沙《チャンシャ》にある湖南テレビの番組は軒並み、全国的な人気を得ている。日本では、基本的に北海道のテレビ局の番組を、直接、四国で見ることはできず、北陸の番組を、沖縄で見ることはできない。中国では地方発の番組が全国を席巻する可能性があり、地方局の制作スタッフも創造意欲が高い。

動画共有サイトには、各地方の主要な番組がアップされ、桁外れの再生回数を記録する人気テレビ番組もある。動画サイトに一般視聴者からアップされることを基本的に受容、歓迎している中国テレビ局は、局独自で自らの公式サイトを立ち上げ、過去の番組をフルタイム見ることができるシステムを作っている。日本では、動画サイトに対するアップは、「著作権を侵害する」として拒絶方針。動画サイトを利用するのは「予告編」くらいで、本放送はテレビに誘導するというスタンスが主流だ。動画サイトにアップされてしまうと、再放送の視聴率やDVD販売、レンタルでの売り上げを脅かすというリスクがある。かつて、テレビとインターネットは「競合し、顧客を奪い合うライバル」と言われたが、それでは、なぜ、テレビとインターネットで客を奪い合う映像業界で、中国は動画サイトで散布されることを歓迎しているのか？

そのキーワードは「冠スポンサー」だ。大手一社が全面的に番組を金銭支援することを冠スポンサーと呼び、司会者が番組内でスポンサー企業名を連呼する。放送時はテレビ画面の右下にはスポンサーのロゴが全て入る。動画が散布されればスポンサーの名が視聴者の目に触れる仕組みだ。番組内で出演者がスポンサー製品を露骨に持ち上げることもある。日本では公共性に関する見地から、スポンサーの名前を言うことはあっても、極端な宣伝色に染まることを嫌うため頻度は少ない。番組間に放送されるコマーシャルは視聴者の手によって動画サイトに上がる時には削除されてしまうので、CM枠を購入しているスポンサーにとっては旨みが少ない。

中国は、国内のテレビ放送エリア外にもターゲットが多い。国内だけでも10億人以上の人口を抱え、海外にもアメリカ、カナダ、東南アジア、ヨーロッパなどに多くの移民、華僑が在住。テレビでは配信カバーできないエリアに対し、インターネットを利用して番組ソフトを提供する。番組のインターネットでの放送によって、中国国内メーカーのスポンサーが海外在住華人内の認知を高め、企業の海外での販売促進にも繋がるという流れを生んでいる。人口の多い中国人、華僑世界独特のテレビマーケット展開と言える。海外在住者が少ない日本人では、仮に「現地に住む日本人のために」ということで映像を散布しても、人口も少なく、効果は殆ど見込めないだろう。

乱立する中国の動画サイト。日本で主流のユーチューブは中国国内ではブロックされ基本的に見ることはできないが、その分、自国で動画サイトが開発され賄われている。番組放送終了後に視聴者の手によって、あるいは、公式サイトでディレクター自身が番組をアップロードするので、インターネットユーザーはテレビを使わなくてよい。視聴率は崩れるが、スポンサーから番組への先行収益があるので、番組を通じてスポンサーの認知を高めていく方が現実的な利益となる。南京の江蘇テレビは、国内で見ることができないはずのユーチューブにも公式番組サイトを作り、番組をアップしている。国内のみならず、海外を睨んだ展開だ。

冠スポンサーになるのは、携帯電話会社や食品関連会社が多い。中国中央テレビ（CCTV）は全国放送で、中国では地方テレビ局でも、別の地域から見ることができる「衛星チャンネル」を1チャンネル持っている。中国全域で見られる衛星チャンネルは「衛視《ウェイシ》」、特定の省や地域でしか見られない地方チャンネルを「地方台《ティーファンタイ》」と呼ぶ。全国展開を図る企業が、中央テレビの番組ではなく、衛視の番組スポンサーになることで、全国区の宣伝効果を狙うという戦略も可能だ。ある食品会社は、衛視を組み合わせるポートフォリオ戦略を取る。日本では、地方の番組はその地方でしか見ることができず、地方メディアのみを使った全国展開は難しいが、中国ではタレントも企業も地方からの「下克上」が十分にあり得る。中国各省で視聴率が2位の湖南テレビの番組にスポンサーとしてついている企業を見れば、中国の市場の趨勢を把握できる。

台湾で視聴できる50以上のチャンネルには、グルメやバラエティ、歌謡番組、ニュース等で構成する総合チャンネル（日本の民放地上波はこの構成に近い）に加え、ディスカバリーやCNN、BBCといった「英語チャンネル」、洋画、中華圏の「映画専門チャンネル」「ニュースチャンネル」「音楽専門チャンネル」、子供向け「アニメチャンネル」、「宗教チャンネル」等があり、好みに合わせチャンネルを選択できる。日本では、普通チャンネルの選択肢が6〜8。日本ではレンタルDVD店が人気を得て、台湾でレンタルDVD店が流行らないのは、テレビメディアが視聴者の見たいソフトを網羅していることも影響する。

台湾では、「ケーブル送信を使わない無線の総合チャンネル」は、台視、中視、民視、公視の四つで、それ以外のチャンネルを「有線頻道《ピンタオ》（ケーブルチャンネル）」と呼ぶ。日本のケーブルテレビとはイメージが違い、台湾では不動産賃貸物件には基本的にケーブルが設置され、月々の支払いも数百円でさほどの負担にはならず、無料設置している物件も多い。日本ではケーブルテレビに加入すれば月々数千円の出費が強いられ、その割に、最新のコンテンツが提供されているとも限らない。好きなソフトでもない限り、加入し続けることは経済的、精神的負担になり「一旦は加入したが、やめる」というケースも多い。台湾では、日本人が「地上波」を見る感覚でケーブルテレビを見ており、「四つの総合チャンネルしか見ていない」という世帯は、離島などごく僅かだ。日本では、加入料や月々の費用が高いケーブルテレビや衛星チャンネルを外せば、6~8チャンネル程度。日本人は海外に行くと、テレビに対する感覚が変わる。中華圏（台湾、中国大陸）も選択肢が多彩。台湾では、50以上のチャンネルがあり、中国大陸では別の省の番組も見ることができるため、80以上のチャンネルが視聴可能だ。

台湾には、三立新聞台《サンリーシンウェンタイ》、TVBS新聞台《シンウェンタイ》、年代新聞台《ニィエンタイシンウェンタイ》など「ニュース専門チャンネル」が複数ある。ニュースや報道系の討論番組で編成され、24時間体制の放送だ。部分的には「録画」もあるが、深夜でも「生放送」を基本として、突発案件にも対応できる形で制作されている。ニュースチャンネルは、他の分野のチャンネルと違い、コンテンツが予想できない中で、「ニュースのみで枠を埋めていかねばならない」というプレッシャーがある。まして、他会社のチャンネルとの競争という事情から、番組内容も少し煽動気味だ。

台湾テレビニュースのある日の特集テーマは「歩行者用青信号の時間が短い」というものだった。画面右には「獨家《トゥーチャー》（スクープ）」と記している。やり玉にあがったのは、台湾南部のある街の歩行者用信号で、記者が「この信号は青信号の時間が短く、危険なケースも起きています」と、レポートを始めた。台湾の歩行者信号には色のみならず「残り秒数」が表示されるが、青に変わって表示されたのは「25秒」。記者が歩き始める。横断歩道の後半に差し掛かった頃に点滅が始まり、渡り終わる前に秒数が「ゼロ」になった。

「時間がとても短く、普通のスピードで歩いても渡りきれません」と記者は憤慨。

街頭市民へのインタビューも収録された。「時間が短いですね」「後半は走らなければいけません」と答える市民。表情は「怒っている」ようには見えず、察するに、おそらく記者の質問によって誘導されたのだろう。記者の怒りのレポートは続き、実験的に、杖をついた年輩の男性を渡らせた。横断歩道の中間部分で、信号は点滅、渡りきれず車道の信号が青に変わり、男性が道路に残っているために車は減速で走行を始める。

記者は、信号を管理する自治体の担当者にインタビュー。「このような信号で危険だと感じないのですか？」「たしかに危険かもしれません」「市民に謝罪をするべきではないですか！」「……」「責任逃れをするつもりですか！」「申し訳ありません」と渋々、謝罪をする責任者。青信号の秒数設定で行政まで謝らせなくても、という感じもするが、台湾のニュース番組では煽り気味での報道は少なくない。「台湾グルメ、人気の揚げ物店特集」を放送したかと思えば、直後に「太り過ぎは『死』をも誘発する。揚げ物、粽《ちまき》はカロリーの摂取過多の原因に」といったテーマが続くこともある。

2

番組制作者、司会者としての経験、舞台裏

怒涛の杭州ロケ

台湾で数年間、ロケ番組の司会進行役を行っていた私も、インターネットを通じて大陸側の制作者が視聴していたことで、いつの間にか中国大陸の映像市場のまな板に乗っていた。浙江省の省都・杭州の「浙江テレビ」から出演の依頼があり、私が「中国番組」へと進出した契機となった。

上海浦東国際空港に、局の車が迎えに来た。上海から杭州へは、高速鉄道で約50分、車で2時間半かかる。私はその約10年前にも杭州を訪れているが、その時と比べ、高速道路の渋滞が減少していた。私はその1カ月ほど近く前、浙江テレビ『厨星高照《チューシンガオチャオ》』の台湾ロケにゲストとして出演していた。「台湾撮影に行くのだが、番組にゲスト出演してもらうことは可能か」という番組ディレクターからのメールが始まりだった。台北、陽明山《ヤンミンシャン》で撮影を終え、番組は浙江テレビと中国中央テレビ・チャンネル4で放送された。終了後、「今度、杭州に来る機会が

あれば、また番組に出演してください」と挨拶程度のメールを受け、すぐに杭州行きの計画を組んだ。

到着の夜、スタッフと杭州市内のレストランで会食兼打ち合わせが行われた。翌朝は朝7時出発。ロケには、ロゴも貼ってある専用の車が迎えに来た。

台本上での中国テレビ・ロケ制作陣の中国語呼称は以下のようになる。

編導／ディレクター　撮像／カメラマン　撮助／カメラアシスタント
制作組／撮影スタッフ（アシスタントディレクター）
化粧／メイク　音効／音声スタッフ　主編／メインディレクター
制片人／プロデューサー　監制／監修　総監制／総監修

中国人司会者には、「この日本料理を食べたことで、東日本大震災に遭われた被災者への追悼の意も深まります」といったセリフが要求され、料理と震災の結びつけが強引ではないかとの印象を受けた。また、ディレクターが考えつく細切れのセリフが、カメラを回す直前に追加される。中国で活動する外国人役者やタレントに共通する苦悩でもあるが、事前の設定が、ディレクターの突然の思いつきでコロコロ変わっていく。アドリブであれば即興で考えて発することができるが、ディレクターの思いつきは、現場で即セリフとして暗記しなければならない。

薬膳料理を食べる撮影では、「頭髪黒了《トウファーヘイラ》、皮膚白了《ピーフバイラ》、我健康了《ウォジエンカンラ》、等着我《ダンジャウオ》！（この食べ物を食べることで、髪は黒くなり、皮膚は白くなり、健康になりますね。さて、次に行きましょう）」といったセリフが直前で言い渡され、すぐに覚え、収録開始、ということが繰り返された。ロケは基本、体力勝負。海外ロケとなると、体力に加え頭脳持久力が必要とされる。ディレクターは暗記セリフとして私に、西湖《シーフー》の風情を謳う漢詩（林昇《リンシェン》）も追加した。

山外青山楼外楼　西湖歌舞幾時休　暖風薫得游人酔　直把杭州作汴州

（楼外楼から見る青山の深く美しい景色よ。西湖には歌や踊りが溢れ時を忘れ浸る。暖かい風が人を酔わせ、杭州がまるで開封のように思えてくる）

日本では「保険の映像（もしものための予備としての映像）」を撮ることが多いが、中国では保険をかけることは少なく、はっきりとしたＮＧが無ければ、拍子抜けするほどあっさり終わる。保険をかけるためだけに似たような映像を何度も撮ることを要求するディレクターと、無駄にも思える要求に耐えられないカメラマンが摩擦を起こすことが日本ではよくある。ロケ・スケジュールが綿密に出てこない中国。収録開始15分前にスタジオ入りした司会者がアドリブで番組をこなしてしまう台湾。作るプロセスで、大なり小なり異なる部分がある。

ロケの合間に、番組ディレクターや浙江テレビの局アナと様々な話をした。中でも「将来はどうしたいのか?」というテーマは印象深い。国は違えど、同じ放送業界、共有できる感覚も多い。台湾では、「取材記者↓現場レポーター↓ニュースキャスター↓討論番組の司会者」といったステップアップの形があるが、中国の局アナにも、目指す方向の理想型がある。ある局アナは、「力をつけると、ヘッドハンティングの可能性がある。湖南省長沙や上海の東方テレビにスカウトで移っていった同僚もいる。将来の目標は、北京や香港の局で仕事をすることだ」と話していた。

日本と違い、地方局の番組を、別の地方で見られる中国のテレビシステム。北京や香港に在住する番組プロデューサーも、引き抜きを企図して各地方の番組をチェック、司会者達が、実力主義で、上方の階段へ上れる仕組みが構築されている。「浙江省で人気番組の司会を務める」↓「北京の中国中央テレビや香港鳳凰《フェニックス》テレビのプロデューサーの目に留まる」↓「お呼びがかかる」……、という局アナ達の理想の図式も、現実離れしていない。杭州ロケは番組専用車に専用運転手。8~9人の制作スタッフ陣に、次々登場する浙江テレビの局アナ達。経費節減の圧力も感じなかった。

杭州のロケ・スケジュールは次のような形になった。

1日目：杭州駅、呉山天風、河坊街、胡慶余堂薬膳、雄鎮楼菊英面館、胡雪岩故居、北山路沿線、岳廟、蘇堤、莫干山路的葱包烩、鼓桜餛飩
2日目：知味観、湖濱街区、西湖遊船、断橋上岸、武林門、隠泉
3日目：歩行白包、平湖秋月、楼外楼、龍井茶茶園
（いずれも杭州の観光名所）

杭州に、山西省発祥の「猫耳朵《マオアールドゥオ》（猫の耳）」という食べ物がある。「中国では猫の耳を食べるの？」と驚いてみせるのが外国人旅行客のリアクションの定番の姿とされるが、練った麺粉を縦横2センチ四方に切り、親指で押し込みながら形を整えたものだ。平らな団子状で、親指で押し込む際にくぼみができ、「猫の耳」に形が似ることから、「猫耳朵」と呼ばれている。台湾には豆豉で作った「蒼蠅頭《ツァンイントウ》（ハエの頭）」という食べ物があり、これも色と形状が「ハエ」に似ていることから来た名前だという。スープの中に入った「猫耳朵」は青森県のきりたんぽ

に似て、もっちりとした食感だ。そして、番組で私に求められるのは、「猫の耳なんて食べられない！」というオーバーリアクションである。

不満を言いながら、出てきたものを渋々食べる私、「本当に猫の耳なの？」とリアクションを取る。そこで司会者がタネ明かし。

「これは、麺粉で作ったもの。形が似ており、猫の耳と呼ばれるようになったのですよ」

「なるほど！　ならば安心して食べられる」

この流れもテレビの定番の一つ。杭州の代表的観光名所は西湖《シーフー》で、西湖周辺では、「蘇堤《スーティ》を散策」「武術を習う」「二人乗りの自転車で湖外周を走る」「バケツに水を入れ、大きい筆で道路に漢詩を書く」「湖で養殖されている魚を網で取り、隣のレストランで調理してもらう」といった撮影を行った。

浙江テレビ『快楽一点通《クワイラーイーティエントン》』の生放送スタジオも訪問。『厨星高照』にも出演する浙江テレビのアナウンサー、付琰《フーエン》氏が司会を務める芸能情報番組だ。大陸・杭州の番組だが、ＶＴＲの大半が、羅志祥《ルオツーシャン》、林志玲《リンチーリン》、王力宏《ワンリーホン》、楊丞琳《ヤンチエンリン》といった台湾人気芸能人の動向を伝える。中国芸能界は台湾出身の芸能人が席巻し、彼らが大陸各地でライブやイベントを行う際、先行し中国地方テレビ局の番組に出演し、告知や集客を促進させる。

東坡肉《トンポーロー》や龍井蝦仁《ロンジンシャーレン》、西湖酢魚《シーフーツーユー》などが有名な浙江料理。龍井茶の茶摘みも行った。日本のロケでは、番組でレポーターが手をつけた料理は、スタッフや司会者が撮影後に歓談しながら食べることが多い。しかし、浙江テレビのロケでは、番組使用の料理はその後ほとんど手をつけず、別の新たな部屋の円卓で、改めて、かなりの量の食事を注文し直し、スタッフ全員で食べる。そして、店は無料で提供する。食事代のことでこまごま言わないのも中国の特徴である。

とはいえ、撮影時の試食でも、ある男性司会者はあまり食べない。トークばかりで、食べても一口から二口くらい。その司会者はかなり肥えており、身体を気遣い食べる量をセーブしているのかと思っていたが、ロケ後の食事では人一倍食べていた。豪勢な食事は、朝、昼、晩とロケ後に続いた。

撮影には、浙江テレビの男子アナ、女子アナ達も代わる代わる参加した。彼らに共通して言えるのが、明るくてフレンドリーだということ。積極的に話すことで「口才《コウツァイ》（トーク力）」を伸ばしていけるという利点もある。ロケに参加したスタッフは8～9人で、ほとんどがアイフォンを持っていた。段取りができておらず、レストランで3～4時間待つということもあったが、彼らはアイフォンでゲームや微博《ウェイボー》（中国版ツイッター）などをずっといじっている。暇つぶし材料があるから待ち時間が長くても気にならないのかもしれない。

私が訪れた時、アイフォンの街頭販売価格は5800人民元（約7万円）だった。事前に綿密なロケ・スケジュールは知らされず、結果として、「毎朝7時出発、夜23時戻り」という3日間、2本撮りのスケジュールだった。しかし、中国で初めての番組撮影という緊張感の中で、振り返れば、あっという間に過ぎていた。番組テーマは「外国人の私に杭州の魅力を味わってもらおう」という内容で、街の勢い、番組制作の贅沢さを感じるロケであった。経費節減の空気は全く感じない。次々と食べ物が出てくるロケであるにもかかわらず、番組打ち上げの円卓にもまた豪勢な料理が出てきた。

名司会者が集う南京

南京・江蘇テレビの人気男性司会者、孟非《モンフェイ》氏と楽嘉《ラーチャ》氏の2人には「スキンヘッド」（光頭《クワントウ》）という共通点がある。中国の超人気番組となった番組『非誠勿擾《フェイチェンウーラオ》』に、2人は出演している。初めてこの番組を見た時、男性司会者2人とも丸坊主なことに、演出なのか偶然なのかという不思議な違和感を覚えた。しかし、見るうちに、彼らのトーク力、掛け合い、番組内容の面白さに引き寄せられていった。

日本、台湾では少ないが、中国には「相親節目《シャンチンジエムー》（お見合い、恋愛出会い系番組）」が多い。上海東方テレビ『百里挑一《バイリーティヤオイー》』、浙江テレビ『愛情連連看《アイチンレンレンカン》』、湖南テレビ『我們約会吧《ウォーメンユエホイバ》』なども中国では代表的な番組だ。その数あるお見合い番組の中で、最も高い視聴率を誇るのが南京・江蘇テレビが放送する『非誠勿擾』だ。同名の映画が中国ではヒットしたが、テレビ版は、スタジオ収録のお見合い番組でヨーロッパのお見合い番組『テイク・ミー・アウト』の様式に関する権利を買い、司会者や登場する若者が中国人でのリメイクである。

24人の女性が並んだスタジオに1人の男性が登場し、自己紹介ＶＴＲが放映される。各女性の手元にはスタート時には「青」が点されているランプがある。ＶＴＲの過程で「交際対象として範囲外」と判断したら「赤」ボタンを押し消していく。24人のランプが全て赤となった時点で男性は強制退場。紹介ＶＴＲ3本が終わった段階で、壇上の女性で「青」ランプを残している女性がいれば、今度は男性に選ぶ権利が与えられる。

中国の男女が何を基準に異性を選ぶのか、どのような考え方を持っているのか、結婚観など、番組から把握できるものは多い。その中で、私が最も注目するのは、男性司会者の孟非氏だ。落ち着いた司会ぶりで、男性1人、女性24人、解説者2人という大所帯のキャストの話を、短時間でまとめ、時に笑いに、時に感涙に変える。少ないキャストの場合、台本通りに進めていけば事は足りるが、キャストが多い場合、台本ではカバーしきれない。司会者の技量、特に「アドリブ力」が試される。印刷工場職員やスポーツ記者の勤務経験があるなど人生経験が広く、報道番組『南京零距離《ナンジンリンジューリー》』のキャスターを経て、『非誠勿擾』に抜擢、幅広い経験から来る話の含蓄が深い。何より、司会進行の際のリズム感。リズム感はトレーニングや経験のみで養われるものではなく、本人の感性に依るところも大きい。

『非誠勿擾』のもう一方の中心は男性解説者、楽嘉氏だ。心理学、色彩研究家という肩書を持つが、番組でも、壇上の女性、男性の考え方に対して鋭い分析を入れる。また、進行役の孟非氏の軽妙な司会に、茶々やツッコミも入れ、二人のユーモア溢れる掛け合いが番組の一つの名物となっている。

「南京の街を歩く男性はすべて『光頭』だ」と、楽嘉氏が、かつて番組でジョークを飛ばしたことがある。番組には中国各地から相手を求めて男性陣がエントリーするが、楽嘉氏の言葉に騙されてか、二人の人気に影響されてか、意図的に頭を丸めて応募するという男性もいるそうだ。「南京＝光頭」というジョークが受けるのも、二人が江蘇テレビの人気番組の大黒柱であり、同番組が、江蘇省のみならず、中国の人気番組になったという背景があるからだ。

中国では「省都（日本で言うところの県庁所在地）から全国に向けて発信できる」という日本とは違うシステムを取っている。また、中国には「冠スポンサー（冠名播出《クワンミンポーチュー》）」がついた番組が多い。『非誠勿擾』には「歩歩高《ププガオ》・音楽手機《ショウチー》（携帯電話）」という電話会社がスポンサーになり、番組オープニングから会社名がコールされる。湖南テレビの人気番組『快楽大本営《クワイラーダーベンイン》』も「オポリアル・音楽手機」が冠スポンサーとなっている。冠スポンサー制は、「金銭と引き換えに媒体を乗っ取られてしまう」という放送内容での危険性を孕むが、中国では、人気番組に主流のスタイルだ。地方番組のスポンサーとなっても、「全国に向け広告を打てる」→「番組の人気が出れば広告効果は増大」というメリットがある。

江蘇テレビで楽嘉氏が出演する『老公看你的《ラオコンカンニーダ》』を参観した。同番組も江蘇テレビで高い人気を誇り、中国では観客を入れた公開収録番組、歌番組なども含めると一般参加型の番組も多い。若い夫婦が4組出場し、妻がポイントを掛けながら、夫が各ゲームに挑戦し、どの夫婦が高得点を挙げられるかを競うものだ。

特徴的なのは、登場する夫婦で、特に夫人の方が理路整然と、司会者を圧倒する程によく喋ることだ。参加夫婦は面接で選ばれ、よく喋る人材が採用されているが、日本では、タレントでもない一般女性が、司会者を超えるレベルで話すことはない。江蘇テレビのスタッフに「参加夫婦はタレント事務所に属しているのか？」と聞くと、「純粋に応募してきた一般人」だと言う。中国では、タレント事務所が仲介して一般人を派遣することなど殆どない。

日本では「関西のおばちゃん」とキャラクター付けされる女性達が、インタビューなどで「おもろいこと」を言うが、彼女達は「事務所に所属してセレクションされた人」というケースが多い。中国では、一般参加のはずの女性達のトーク力が秀でており、これは『非誠勿擾』とも共通する。堂々として緊張感など感じさせず、1回の番組出演からトーク力に人気が出て、タレントにまで伸し上がっていく一般人もいるという。「中国は人口が多い。分母が多いからそういう人も出てくる」という理屈だけでは推し量れない根本的な理由として、近所付き合い、仲間付き合いが多いため、「大衆の前で話すことに慣れている」という土台があるそうだ。

一般人参加番組は、プライバシー管理と放送前後の安全面でリスクを伴う。参加者の個人情報がテレビで流れることで、番組に出演した一般人参加者が犯罪に巻き込まれるケースがある。収録後、放送後に何らかのトラブルがあり、放送（再放送）ができなくなることもある。かつては日本にも一般人参加の番組が多かったが、減少した原因の一つは、セキュリティ。一般人を登場させるよりも、事務所経由のタレントを連れてきた方がリスク回避できる。台湾でも、一般人や学生を参加させた番組は、討論系、歌番組などに限られる。

一般人参加番組を見ることで「冗談のツボ」「こういうジョークは使える」「この言い方で笑いが取れる」など、国の言語文化が見えてくる。私の実感としては、台湾の方が表現に自由度が高く、自由な分、外国人である私には時に理解できない話の流れも生まれるということだ。中国大陸では、話がテーマに基づき、自由度は狭いだけ、外国人でも理解できるシンプルな流れになる。

江蘇テレビのビルの1階部分にスターバックスが入居している。番組出演者、スタッフも打ち合わせに使っている。江蘇テレビの巧稚《チャオチー》記者とは、そのスターバックスでコーヒーを飲んだが、「せっかく南京に来たのだから」と、珠江路のスタッフ御用達食堂・小李湯包《シャオリータンパオ》を案内してくれた。ご馳走になったのは、南京名物、鴨血粉丝湯《ヤーシュエフェンスータン》（固めた鴨の血を具材としてスープに入れたもの）。「南京は特徴を持った食べ物はありませんが、唯一お薦めできるのがこれです」と、巧稚記者は謙遜気味に紹介してくれた。鴨から出るダシは深みを持つ。私は鴨血の臭みを受け付けなかったが、スープのコクのある味わいは堪能できた。実は、何より私が気に入ったのは、鴨血粉丝湯と一緒に出てきた湯包《タンパオ》（蒸し小龍包）。肉の甘みに溢れる濃厚な肉汁と凝縮された旨さ。江蘇テレビから徒歩3分のスタッフ達が簡単な昼食、夕食として利用する店だが、記憶に残る味だった。

大連クッキング番組にて

大連での撮影話は「食べる方」ではなく「作る方」の料理番組だ。「料理を作ることはできますか？」と打診を受け、一品か二品くらいなら何とかなるだろうと安請け合いした。

大連テレビ生活頻道《ピンタオ》が夕方、放送する料理番組『今天吃什《チンティエンチーシェン》么《マ》？（今日は何を食べますか）』の出演、メールやり取りで「作れる料理のレシピ、材料を簡単に書いて送ってください」と言われ、確実に作れる少ないレパートリーから「ほうれん草カレー」の作り方を返信。出演日時などを詰め、大連に向かった。

大連に到着し、その番組をホテルのテレビで見た。日本の「教育テレビ」の料理番組に近く、男性司会者一人に、毎回、五星級《ウーシンチー》（5つ星）レストランのシェフが得意料理の作り方を伝授する。「そこに自分が出ていいのか?」という呵責もあったが、せっかくの出演機会を逃すわけにもいかない。

「翌日の収録に備えるだけ」とイメージしているところに番組ディレクターから電話がかかってきた。

「食材を買ってくることはできますか?」

私は台湾でも料理を「作る」方の番組には出たことがなかった。中国大陸では食材を出演者が自分で買うのが当たり前なのか。レシピは渡しているし、大連のスーパーの場所が分からない。一旦は「番組スタッフで用意してもらえますか」と電話を切った。しかし、よく考えると「レシピや材料のメモが渡っていると言っても作り方は自分しか知らないわけだし、食材が欠けると料理そのものが作れなくなってしまう」と思い、ディレクターに電話をかけ、「自分で買ってくる」と伝えた。

ホテルフロントにスーパーマーケットの所在地を聞き、外資系のスーパーに入る。必要なのは、ほうれん草、バター、牛乳、タマネギ、塩、コンソメ、カレーパウダー。上6品はあっさり見つけることができたが、カレーパウダーが見つからない。次のスーパーで「万引き」と間違えられても面倒なので買えるものだけを買い、ホテルの部屋の冷蔵庫に入れる。次に見つけたスーパーでも日本製輸入固形ルーはあるものの、パウダーが見つからず。仕方なく、固形ルーで代用することにした。

実は、夕方、その番組を見ている際、一つ気づいたことがあった。完成した後の料理を、出演者が食べないのだ。上沼さんの番組も郁恵さんの番組も、料理を食べ、何らかの感想を言い、「おさらい」へと進む。しかし、同番組は、料理ができた後、すぐに「おさらい」へと行く。味は番組上、確かめない。尺（番組の時間）の問題なのか、感想は不要、との制作判断なのか。私が、「固形ルーの代用でいい」とあっさり諦めたのは、「どうせ食べないのだから大丈夫だろう」といった甘い考えからだった。番組を低く見たわけではなかったが、「できる範囲でやろう」ということだった。

キッチンスタジオは、煙草のにおいが充満していた。「ミキサー（撹拌器）が必要」と伝えておいたが揃っていなかった。スタッフに言うと、慌てて部屋から飛び出して行った。スタジオは、大連テレビとは別の大きなマンションの一室にあり、2階部分にはレストランが入居していた。スタッフはミキサーではなく、果汁を搾るジューサーを借りてきた。

カメラは2台、カメラマンも2人で、収録開始。ほとんど料理をしたことがない私が玉ねぎを切るも、我ながらひどい切り方だ。通常は一流シェフが出演する番組、放送を見る限り、主婦向けの真剣な番組、こんなにひどい切り方でよいのだろうか。と、見るに見かねた司会者の一峰《イーフォン》氏。私に代わり、タマネギを切り始めた。感心している場合ではないが、さすが、見事なみじん切りだ。

「これくらいでいいですか？」と聞く一峰氏に対し、「これくらいで、お願いします」と私。何をしに来ているのだろうかと情けない気持ちになる。

続いての工程。タマネギさえ切ってしまえば、後は難しくない。みじん切りにしたタマネギを、フライパンに入れ、弱火で30～40分、きつね色になるまで炒めるはずだが。いや、待てよ、30分以上も炒め続けるのか。既に炒めてあるタマネギなどどこにもなく、このまま収録しつづけるのだろうか。日本の番組では、事前に炒めたタマネギを用意する。せっかちそうなスタッフ、前日見た番組では、司会者は味も確かめていなかったし、数分炒めて終える。

次は、茹でたほうれん草をミキサーに入れる。ここではジューサーで攪拌。本来ならミキサーが欲しかったが、私は料理のプロではないので文句は言わない。と、緑の汁がジューサーの隅々からこぼれ落ちているではないか。ハプニングに驚いていると、司会の一峰氏がティッシュで、こぼれた汁を拭き、何事もなかったような顔をして進める。こういう不手際丸出しの映像でも成立するんだなぁと妙に感心。こぼれた分、ほうれん草の分量は減ったが、もともとアバウトな料理、牛乳を足し、量の帳尻を合わせた。カレー粉ではなくカレールーしかなかったことで、本来出したかった「緑色」は茶色っぽくなったが、一応出来上がった。

皿への盛りつけ、レストランから拝借してきたと思われる白米にカレーをかけ、「絵撮り（商品の撮影）」と思っていると、「見栄えが足りない」とディレクターが、カレーの横にケチャップを掛け始めた。本当に誰も最後まで味を見なかった。


制作スタッフや司会の一峰氏に昼食に誘われていたので、私は自分の収録が終わった後もスタジオに残り、別の女性シェフが作る回を見ていた。女性シェフが作る料理は「肉団子」。豚肉に調味料を加え、練り、湯に通す。手際良く次々と団子が仕上がっていく。トークしながら進行していく一峰氏。

しばらく見ていると、一峰氏、なんと、肉団子を手で掴み、口に入れた。本来なら驚くところではないが、これまで番組を見ていて一切食べなかった司会者がいきなり食べたのには驚いた。「弾力がありますね」と食べながら説明する一峰氏は二つ目の肉団子を取り、「弾力がこれくらいありますよ」と言いながら、その肉団子をキッチンに叩きつけたのだ。軽く跳ねる肉団子に、私は目を疑った。

「結構、弾力があるでしょう」

こういった表現方法が中国式料理番組のスタンダードなのかと思い、女性シェフの顔を見ると、シェフも唖然として複雑な表情をしていた。放送を見た限り、教育テレビ的、真剣な料理番組。叩きつけられた肉団子は、さらに2、3回跳ね、弾力がよく伝わってきた。

テレビ番組の生産基地・湖南省でのロケ

中国人の知人達に「長沙《チャンシャ》（湖南省の省都）はどんなところか」と聞いても「分からない」「印象がない」との答えが多いが、質問を変え「湖南テレビの番組は？」とすると、番組内容や司会者などの感想で会話が弾みだす。「湖南のことは知らなくても、湖南テレビのことはよく知っている」という中国人は多い。

湖南省長沙の湖南テレビは、中国地方局でも屈指の人気番組数を誇る。毎週土曜夜に湖南衛星チャンネルで放送されている『快楽大本営《クワイラーダーベンイン》』は、15年以上続く人気番組で、中国全土から圧倒的な支持を受ける。司会から映画、歌など何でもこなす男性司会者・何炅《ハーチョン》氏、「内地の小《シャオ》S《エス》（徐熙娣・台湾の人気司会者）」と呼ばれる女性司会者・謝娜《シエナ》氏を中心とする5人の司会陣に、豪華ゲスト。視聴率トップクラスで影響力が高いため、ゲストも中国の代表的な俳優、女優、台湾からも歌手やタレントが参加する。台湾芸能人は「台北⇕長沙」という日帰りのスケジュールを組んでも出演するというケースもある。そのほか、『天天向上《ティエンティエンシャンシャン》』『快楽女声《クワイラーニューシェン》』『我《ウォー》們約会吧《メンユエホイバ》』など、湖南テレビには全国的にも有名な番組が揃う。番組ラインナップと内容を見るにつけ、クオリティの高さ、番組数、影響力などから「長沙＝テレビの都市」と勝手に決めつけていた。

長沙・黄花国際空港から車で市街へ向かう。田園風景がしばらく広がったが、約20分すると、突如として巨大な建物が見えてきた。台場のフジテレビをも彷彿させる存在感が湖南テレビだ。メインビルディングだけではなく、周辺一帯の敷地も湖南テレビが管理し、業務提携する青海テレビのオフィス、ゲストや観光客が利用するホテルやリゾート、社員寮なども完備している。一帯は「生活区《シエンフオチュイ》」と呼び、食堂、散髪屋、小売店、薬局が並ぶ。関係者曰く、「湖南テレビで働けるということそのものが、我々の誇り。局勤務の実績は故郷でも鼻が高く、中国全土で認めてもらえる」と話す。

馬栏山《マーランサン》と呼ばれる地域に新社屋を建設し、現場スタッフを30歳代以下で固め、選りすぐりをイギリス・テレビ局ＢＢＣに派遣し、海外人気番組のノウハウを実地研修で学ばせた。通販ショッピング番組でさえ人気司会者を積極的に起用し、番組の品格や面白さを保持させる。大プロジェクトのもとに構築された湖南テレビ。馬栏山一帯を少し離れるだけで、たちまち農村風景が広がり、最先端を行く湖南テレビとの雰囲気のギャップに驚かされる。

巨大なメインビルに点在する事務棟。多数あるスタジオ前の掲示板は番組収録のスケジュールがぎっしり書き込まれ、メイク室には複数のスタイリストが常駐。設営も、収録も、撤収も流れ作業で、編集室はヘッドホンを着用した数十名のスタッフ達が黙ってパソコンに向かっている。作品1本の作業を終えても息つく間なく次の番組が待っており、ベルトコンベアーのようだ。

湖南テレビの巨大な敷地内では、小さな部品を一つずつ流れ作業で組み立て、大きな製品を作る工場のように、設営、メイク、撮影、編集が機能し、人気番組を作り上げる。演出の華麗さとは別に、番組の「組み立て工場」は淡々としていた。湖南テレビのある編集スタッフは「『60分番組2本分』の編集が1週間での主な仕事。週休は2日取れるが、5日間は睡眠時間2時間、事務所で仮眠しながら、ぶっ続けで作業する」と話す。

湖南テレビという名前が、日本のメディアで取り上げられたことがある。「台湾の人気ユニットS《エス》・H《エイチ》・E《イー》のタレント・セリナ氏がドラマ撮影中の爆発事故で火傷」という衝撃的なニュースは日本も駆け巡った。そのドラマ制作を担ったのが湖南テレビで、所属事務所と同局との間で賠償問題にまで発展した。

湖南テレビ国際チャンネルでグルメ番組『可可美食遊《カーカーメイシーヨウ》』に出演した。この番組はグルメ紹介が中心だったものが、グルメを含んだレジャー全体を取り上げる内容に変更された。「グルメだけでは押せない」という制作側の判断が背景にある。上海を除けば、中国大陸は、クッキング番組はあるが食レポート・グルメ番組の放送は少ない。台湾では、『食尚玩家《シーシャンワンジャー》』『非凡大探《フェイファンタータン》索《スオ》』など、グルメ番組の占める割合は高い。江蘇テレビのスタッフは「中国人でグルメに興味がある人間は、台湾に比べて少ない」と言う。中国の食の歴史は深く、八大菜系《パーターツァイシー》（山東、江蘇、浙江、安徽、福建、広東、湖南、四川料理）と呼ばれ、各地域に特色がある。

「台湾で多く、中国で少ないグルメ番組」の理由として、土地の広さが挙げられるという。ある店を紹介しても、中国の広さ、行くのは多くの人にとって遠すぎるため、「テレビを見て、情報をメモし、メモをもとに訪ねる」という慣習がなく、グルメ情報番組が非現実的だ。中国大陸では、飲食店を、利用者の感想によって評価するアプリ「大衆点評《タージョンテンピン》」がよく利用されている。一方、台湾の広さは「グルメ紹介番組向け」と言える。限られた土地に台湾独自の料理、大陸伝来のもの、欧米を取り入れたもの、世界各国の食文化がひしめき合う。夜市など映像的にもきらびやかで、番組制作者としては、「撮影材料に事欠かない」と言える。

　では中国ではどのような番組が好まれているのか。圧倒的に多いのはドラマ。『抗日戦争』を含め第二次世界大戦前後を背景にした軍隊内の物語が多い。初代国家主席・毛沢東氏をモチーフにした作品も多く、毛沢東氏に容姿が似ていて同氏の役しか演じない「専門役者」もいるほどだ。また、人気が固定的なのが、人間の情愛をテーマにしたトーク番組『情感節目《チンカンジエムー》』という類いだ。嫁と姑が出てきて口論をしたり、元友人同士が借金の話で喧嘩をしたりというもの。アメリカの人気番組『ジェリー・スプリンガー・ショー』は、まさに「アメリカ版情感節目」と呼べる。

『可可美食遊』では長沙のリゾートセンターを訪れた。一つのビル全体が施設になり、スパやサウナ、ビリヤード、仮眠室まで揃う。撮影しながら一通り体験したが、日本と違うのは撮影クルーが持つ優先度。日本では「客に迷惑をかけてはいけない」と施設側、撮影チームともに気を遣うが、中国では来館客を制し撮影隊の動きが優先される。センターの担当者は、不満を持つ客に対して威圧的に接している。撮影しているのは「天下の湖南テレビ」。私もロケで施設の様々な優先を受けたが、それでも「大テレビ番組工場の『一つの小さい歯車』にすぎない」という思いは消えなかった。

中華圏テレビ局の弁当事情

北京の特設スタジオでは、何本もまとめて番組を収録する「貯め録り」が行われていた。司会者、ゲスト出演のタレントやモデルが入れ替わりで出入りする。ＡＤ（アシスタントディレクター／撮影補助係）が、スケジュールを調整していた。中国の外設スタジオは生放送ではないため過度に厳重ではないものの、セキュリティも厳しくなり、初出演ゲスト来訪に対しては、ADが警備員のいるゲートまで迎えに行く。収録進行具合も確認しながら、待機ゲストのケアも行う。

午後1時、メイク室前に、現場人数をはるかに上回る数の50人分以上の弁当が届いた。スタジオ収録の食事は台湾でも中国大陸でも弁当だ。1人のゲストに対し、マネージャー、場合によってはタレント事務所の幹部が同行することも想定され、「何人で来るのか」を事前に読めない。至るところにコンビニエンスストアがある日本や台湾とは違い、食料は簡単に補充できない。「弁当が足りなくなる」という事態を避けるため、かなり多めに注文しておくのだ。「食を切らすのは失礼」という考え方は、中華圏のどこでも見られる。

日本では撮影の合間に食べる弁当のことを「ロケ弁」と呼ぶ。東京のある番組に関わった際、ロケ弁として都内有名店のカツサンドを食したことがあるが、トンカツがジューシーで、味加減もちょうど良かった。日本の若手タレントが「あのカツサンドが食べられるならノーギャラでも収録に出たい」と冗談めかして話していたことがあるが、実際に食し、「ロケ弁でこれだけのクオリティのものが出るのか」と驚いた。

サンドイッチは、箸で食べる弁当と違い、汁が衣装に飛び汚れる心配が少ない。スタジオ内の衣装は、スタイリストが「売り物」を持ってくる場合も多い。衣装協力する店と局やスタイリストが提携し、商品を衣装としてタレントが着る。タレントが着た後は、売り場に戻す。着用したタレントが画面に登場することで、衣服の注目度が上昇し、客が買いに来るかもしれず、局も、無償で衣服を調達できる。番組最後に「衣装協力」という字幕テロップが出るのは、交換条件だ。スタジオでタレントが着ている衣装には値札やタグが付いたままのものもある。

商品を食べ物の汁で汚されてはたまらない。汚した場合は売り物として使えなくなるため、タレントや所属事務所が「割引価格」で買い取る。衣装に着替えた後の弁当は食べるのに神経を使うが、サンドイッチは汁が垂れにくく、片手で台本を持ちながらでも食べられる。「安物を局が準備した」と思われてしまう野菜サンドやハムサンドに比べ、「都内有名店のカツサンド」には重厚感があり、局の面子も保たれる。

台湾・台北市の八大テレビ収録では「鶏腿飯《チートゥイファン》（鶏腿肉のあぶり焼きをのせたご飯）」や「魯《ルー》肉飯《ローファン》（煮込み豚肉かけご飯）」が出された。内湖《ネイフー》地区の弁当屋が運んでくるもので、台湾では一般的な弁当店の味だった。ところが、あるアメリカ人女性タレントは、自らで局外に出てファストフード店のハンバーガーを買って戻って来た。台湾在住なのに、毎回出される台湾風味付けの弁当に馴染めないようだ。台湾のロケ弁は白飯の上に具材がのっているものばかりだが、北京でのロケ弁は、具材と白ご飯が分かれて器に入り、日本の弁当に近い。具材は4種類で、おかずの中には香菜《シャンツァイ》（パクチー）が入っているものがあり、私は苦手なのでそれは食べなかった。他の具材は日本人にとって食べにくい香りのクセもなく、食が進んだ。卵とキクラゲの炒め物は、キクラゲの食感がコリコリしており、絶品と言えた。

中国では、弁当を食べる際に「分け合う」スタイルが見られる。一人のディレクターが「かぼちゃが嫌いだから食べて」と、別のアシスタントディレクターの器に移していた。日本では、食事中ほとんど話さず、台湾では、各自が黙々と食べつつ少し話しつつという空気だが、中国では大声で和気あいあい。おかずを分け合い、まるで宴会のように食の時間を楽しむ。嫌いなものを与えたり、好きなものをもらったりして、それぞれの手がクロスする。各自に与えられる弁当に加え、山盛りの饅頭《マントウ》とスープは好きなだけ取れるようになっている。日本では、他人の箸が自分の弁当に入ってくることなど、ほとんど無い。

効果音の専門家「鍵盤老師」

台湾のトーク番組、バラエティ番組を見ていると、時折、効果音が聞こえてくる。「ティロロン、ガーガー」という「エレクトーン」によって付けられた音色だ。初めて台湾の番組を見た時、「この効果音は何だ?」と奇妙に感じた。司会者やゲストがふざけたことや笑わせるボケを言えば、奇怪な音が入り、真面目な話をすれば、しんみりとした音楽が加わる。日本でかつて土曜夜に放送されていた大型お笑い番組では、タレントがギャグを飛ばした後、観客の「笑い声」が付けられていた。のちに、あの笑い声が、編集の後につけられる「効果音」で、実際に現場で客が見て笑っているわけではないということを知った。

日本や台湾での、観客を入れた収録現場では、収録前のスタジオ観覧者に対する説明「前説」で、ディレクター（番組によっては若手芸人の場合もある）が、軽く面白いことを言い、拍手の練習をさせる。編集で後付けするための笑い声や拍手音を収録することが目的だ。拍手音は効果音ＣＤなどから付けることも可能だが、スタジオで録った方が音質として馴染みやすく、番組を編集する時に都合が良い。私はトーク番組の「エレクトーン」について、「後から付けられたもの」だと思っていたが、のちに「現場のアドリブ」で付けられているものだと知った。

台湾・八大テレビのスタジオではディレクターから「鍵盤老師《ジェンバンラオシ》（エレクトーン先生）」と呼ばれるポジションの人物を紹介された。この老師は、八大の人気番組『娯楽百分百《ユーラーバイフェンバイ》』を担当している。スタジオには収録ひな壇手前にエレクトーンが置かれ、老師が現場の雰囲気に合うよう曲を挿入し、効果音を付けていく。雰囲気に合わせ、正式な楽曲を弾く「プロ」なのだ。適当に鍵盤を押さえているのではない。効果的に音楽が付けられると、現場の盛り上がりは増してくる。

「現場音にBGMが付くと編集しづらくないのか？」とディレクターに聞くと「特に問題はない」という答え。番組を見ると、弾いた曲が途中で途切れている部分もあるなど本当におかまい無しのようだ。日本の編集は、日本人の気質を象徴するかのように、緻密に成される。しかし、台湾は現場の雰囲気優先。全ての番組が鍵盤老師を起用しているわけではなく、予算のある期待度の高い主要な番組にラインナップされている。台湾を手本に番組を作っている中国テレビ局でも老師の存在は欠かせない。中国大陸では「音楽老師《インユエラオシ》」と呼ばれる。「貯め撮り」をする時には、一人の老師では足りず、二人が並んで座り、鍵盤を叩いている。

情報発信の中心は、首都・北京

中国では、各省の地方テレビ局が衛星を使い、全国に番組を届けられるシステムを持つが、各テレビ局が全番組で独自の撮影、制作を行っているわけではない。ニュース番組は当地で発生したことを取材するので省都などからの自社発だが、ドラマは、配給会社などからの購入、ショーとして制作される番組は、経済発展度が高い北京や上海といった大都市にあるテレビ局や制作会社が委託を受けることが多く、西方地域の省はその傾向が強い。青海省青海《チンハイ》テレビの人気歌番組『花儿朵朵《ホワアールトゥオトゥオ》』は長沙・湖南テレビに駐在するスタッフが制作する。旅番組『我是《ウォーシー》冒険王《マオシェンワン》』は、司会者、スタッフも全てが長沙に住み、ロケは長沙を起点とし中国各地へ飛ぶ。雲南省雲南テレビの場合、報道部門は省都の昆明で、ニュースを除くほとんどのコンテンツが北京で作られている。

北京で制作されている雲南テレビの番組『養生匯《ヤンシェンホイ》』の収録。北京市・中国労働関係学院の敷地内のスタジオで行われている。北京には街中の学校にもスタジオが設けられる。司会者2人、歌手やモデルなど年齢の若いゲスト4人に、医者や専門家2人で構成される。

トークのテーマは、「汗をかくことの意味」「海苔の効能」「なすを食べる効果」「アレルギーとは」など、「健康」を軸にしたものだ。毎日夕方に放送される30分番組で、1日7本収録というスケジュールが組まれる。スタジオは他の番組も使うため、一回番組のセットを組むと、できるだけ多く収録してしまいたい。30分の放送時間で収録には40～50分を要する。2人の司会者は、収録が終わるとメイク室に直行、衣装を着替え、髪型をセットしながら、次のトークテーマ、進行内容についてレクチャーを受ける。

「健康ブーム」が訪れた中国には、どんな食べ物が血圧を下げるのか、どのようなダイエット法が望ましいかなど、健康や身体について取り扱う番組が増加した。番組制作ディレクターは「中国では健康について考える余裕はなかったが、景気上昇で生活にも余裕が生まれ、身体についての関心が高まってきたからだ」と指摘する。『養生匯』は雲南テレビの中でトップクラスの視聴率を誇る看板番組だ。

香港・鳳凰《フォンファン》テレビの番組が、北京収録を行う場合もある。北京市・鉄道部党校敷地内のスタジオで収録される『誠人之美《チェンレンジーメイ》』は、若者向けのトーク番組だ。司会はタレント2人で、ゲストは女性モデル10人。トークテーマも、恋愛など台湾のトーク番組を彷彿させるほどに攻撃的になる。メイク室や控室も香水の匂いで溢れる。北京内で撮影される番組も、放送される媒体、地域によって雰囲気がまるで違う。北京テレビのディレクターは「放送は中国の地域の特性を表す」と言う。広大な中国、風土も違えば、番組の特色も違う。北京には、専門家が出演する硬派な番組が多い。番組内容をチェックする広電総局を意識して羽目を外さない傾向が強い。上海は、世界の芸達者が芸を披露する東方テレビの代表番組『中国達人秀《チョングオダーレンショウ》』のような、世界の異文化、芸能を取り入れたような華やかな番組が多い。湖南は、お笑い系、秀でた司会者のタレント性を存分に引き出した番組が多く、健康知識番組『百科全説《バイカチュエンシュオ》』ですら、知識の専門性よりも、最後には笑いや娯楽に変化させていく勢いがある。ショッピングチャンネルでも強い娯楽性が見られる。南京は、江蘇テレビの代表番組『非誠勿擾』に代表されるお見合い番組など、一般参加型の番組が目立ち、一般人からも芸能人並みのトーク力や芸能性が感じられる。真面目で保守的な印象の大連は、番組作りの裏側でも「遊び」の領域が少なく、目的をダイレクトに伝える。中国東北部の伝統芸能である「東北二人伝《トンベイアールレンチュアン》」の番組をひたすら放送する吉林。お笑い「東北二人伝」は日本の新喜劇のようなイメージがあり、伝統的なお笑い文化が継承されている。

番組オープニングのセリフ

江蘇テレビの超人気お見合い番組『非誠勿擾』のオープニングでは、舞台に登場する司会者の孟非氏が、「ご視聴いただきありがとうございます。BBK携帯電話提供の『非誠勿擾』、みなさんこんにちは、私は司会者の孟非です」と固定の挨拶をするのだが、ある日を皮切りに、セリフに言葉が追加された。「ご視聴いただきありがとうございます。『大型生活服務類節目』、BBK携帯電話提供の『非誠勿擾』、みなさんこんにちは、私は司会者の孟非です」……追加された『大型生活服務類節目《ターシンセンフォフーウーレイジエムー》』……「日常の悩みを解決する番組」と訳されるが、この言葉が追加されたのか。中国テレビ局スタッフは、「これは広電総局のお達しに、江蘇テレビが反応した形だ」と教えてくれた。中国のメディア界を象徴するような答えだった。

湖南テレビの人気歌謡番組『快楽女声《クワイラーニューシエン》』も広電総局から1年間の放送停止処分を受けた。処分の理由は明かされていない。国の「文化部」も、マスコミでの表現に対してチェックを入れる部署。中国テレビ局スタッフと話をする際、表現についての話題になると出てくるのが

「広電総局」「文化部」という単語。彼らは、国の部署からのチェック、監査を気にしている。

江蘇テレビの番組にセリフが追加されたのには、「広電総局が『限娯令《シェンユーリン》（娯楽を減らせという指令）』を通達した。『ゴールデンタイムの娯楽番組は放送時間の規定を超えてはならない』というもの」という背景があるそうだ。江蘇テレビは人気番組『非誠勿擾』を、「娯楽番組」という位置に入れないため、オープニングで「日常の皆さんの悩みを解決する番組です」と司会者が宣言したのだ。中国トップクラスの視聴率を誇る番組の放送時間を制限されては、局としてもたまらない。まして、放送停止処分でも受けてしまえば大打撃となる。そこで、広電総局の通達に呼応した形で、抜け道を狙い文言を加えた。「生活の悩みを解決する」と追加された言葉は、「お見合い番組は、健康番組や生活の知恵を扱うような番組と一緒」と、国の関係者に向け宣言した、というわけだ。

日本で放送を管轄するのは総務省で、放送内容に対し、審議対象にすることはあっても、直ちに「放送禁止」などの処分を食らわせるというのは、有り得ない。まして中国は広電総局が「Aという番組に放送停止の処分を下した」と発表しても、「なぜ処分をしたのか」という理由を示さないので、関係者の間でも憶測が飛び交う。湖南テレビ『快楽女声』は、歌手志望の女性たちがステージで歌い、投票によって勝ち上がるスタイルの番組で、中国ではトップクラスの人気を誇っていたが、放送停止のニュースは中国の歌謡ファンに衝撃を与え、日本でも一部報じられた。なぜ処分を受けたのか？　放送の中で、不適切な発言があったのか？　たしかに番組は「生」で、広電総局の事前チェックが行き届かないところにある。しかし、司会者は中国国内で信頼感、安定感ともに高く、問題発言をするとは考えにくい熟練の何炅《ハーチョン》氏と汪涵《ワンハン》氏の二人。関係者が一部で囁いたのは「放送時間を勝手に延長した」という理由。ただ時間延長だけで「番組打ち切り」という重い処分が成されてしまうのか。別に「投票システムの存在」も挙げられた。「中国は『投票』というシステムを嫌う。『快楽女声』は投票だけで勝ち上がるという、国が望まないスタイルが確立されているため、番組を潰したかったのではないか」「国は、圧倒的多数が支持する『スター』を作りたくない。『スター』の一言によって、民衆心理が一気に動いてしまう恐れがあるから」などと推測されたが、実際の真相は分からないままだ。

「中国は表現に対して規制が多い」とイメージを持たれるかもしれないが、私はそうは思わない。表現に関してむしろ日本の方が不自由ではないかと思えることとすらある。毒舌家と呼ばれるタレントや落語家はテレビから次々と姿を消し、昨今、生放送を担当するのは、平坦で無難なタレントが増えた。日本では、表現規制の基準が明確でない分、「どこから火の手が上がるか分からない」という一定の緊張感がある。反面、中国は、規制ポイント、語句がいくつかあるも、それを踏まないケアさえすれば自由さの領域も広い。日本でははっきり明示されないため無数に気を遣うエリア、領域があるが、中国は国の部署とメインスポンサーに対して気を遣うくらいだ。

江蘇テレビ『非誠勿擾』では、冒頭に一句追加されただけで、番組の放送内容、雰囲気そのものは変わっていなかった。「面白さを削り落とさないよう更に綿密なチェックを行っている」と江蘇テレビの巧稚記者は言う。「面白み」と「危険性」は表裏一体で、日本でテレビ離れが進む一因として「危険性とされる切り口」の削ぎ落としが挙げられる。「この番組は、娯楽番組ではなく、皆さんの悩みごとを解決している番組です」というふうに言っておきながら、内容は据え置きで面白さを保ったのは、江蘇テレビ制作側の知恵でもある。

アドリブの効力

事前に準備されるトーク番組用の台本にどこまで沿うか、中国と台湾では大きく違う。私が体感した台湾と中国大陸の番組の違いは、ストライクゾーン内だけで勝負するのが中国大陸で、ボールゾーンも使い、様々な球を投げながらバッターを攻略するのが、台湾だ。

中国の場合、番組は脚本の流れに準じて進む。司会者は、時に数分はあろうかという長ゼリフを完璧に覚え、ミス無く一発で決めたりする。この力量にはスタジオで思わず「お見事！」

と拍手を送りたくなった。一方、台湾では、簡単な台本があるが、あくまで話題やテーマの提供に過ぎず、実際の収録では、話が横道に逸れる。アドリブで横道に逸れ、笑いが生まれることが面白さの醍醐味と見なされる。

それでは、中国の番組で台本の流れを崩すことは可能か。仮に、中国の番組で台本の流れを崩し自由に展開したとしても、表現の規制という壁が待っている。編集で除かれ、「放送されない」というのがオチだ。放送されないならば脱線するだけ時間と労力の無駄で、数回ふるいに掛けられてきた台本の通りに進めておくことが無難。結局はストライクゾーンの中だけでボールを投げ続けるのが現実的だ。中国よりも規制の少ない台湾では、「テーマから脱線し、面白い話を展開させられるか」が、司会者やゲストの腕の見せどころとなる。それだけに、日頃からのニュース視聴、知識量、アドリブ力が試される。台湾有名司会者・鄭弘儀《チェンホンイ》氏は、日本人以上に日本の知識を持っている「通《ツウ》」として知られる。展開力が無いタレントは「面白くない」というマイナス評価に繋がる。

中国大陸のテレビ番組制作者達に、「どの番組が好きか？」と聞くと、多くが、台湾で放送の『康熙来了《カンシーライラ》』を挙げる。蔡康永《ツァイカンヨン》氏と小S《シャオエス》氏が司会を務めるトーク番組『康熙来了』は、台湾テレビ番組の代表格だ。多種多様なゲストが登場し、真剣な話からモラルの崩れた話まで、時には「日本であれば、放送できない」という話も含みながら盛り上がる。ゲストが一言挟んだことで、話の流れが急に変わり、思わぬ方向へ進むこともある。

中国大陸でも好まれている同番組だが、それでは、中国テレビ制作陣が『康熙来了』同様のトーク番組を作れるのか。スタジオのセットや撮影手法は近づけられるが、トーク内容は、難しい。中国大陸の司会者、ゲスト達もトーク力やユーモア十分であるが、彼らには自由に話を進めた場合の「広電総局の規制」を受けるというリスクが存在する。『康熙来了』、日曜夜のバラエティ『超級星期天《チャオチーシンチーテン》』など、手本がありながら、あと一歩のところで引かねばならない。中国大陸と台湾、番組の質の距離感というのは「自由度」の裁量にある。

それでも、中国の番組が持つ雰囲気は変わり、ストライクゾーン内だけで見応えのある勝負できる司会者が台頭してきた。『快楽大本営』の何炅氏、『非誠勿擾』の孟非氏などがその例だ。『非誠勿擾』の熟練司会者・孟非氏は、アドリブで話を展開しつつも、放送可能なラインの範囲内で出し入れする。かつての中国番組は、本格的な京劇や歌唱、相声《シャンシェン》など伝統文化、話芸を紹介するような直球勝負の番組が多かった。それが、キレのある変化球も投げられるアドリブが利いた司会者の登場によって、面白みが広がった。

中国はメディアを「巧みに利用する」という展開が加速し始めた。かつては外国人ジャーナリストが入国するのも厳しく審査を行い、行動をコントロールしたが、ハードルは下がっている。「都合の良い情報を積極的に世界に向けて発信し、都合の悪い情報を押しつぶす」という状況に動いてきた。１９７０年代後半から、改革・開放という歴史的な転換期に入った中国は、経済市場化に伴い、メディアを取り巻く環境も変化。同時に、メディアも急速な成長を成し遂げている。改革以前、中国メディアは、国の財政に支えられ、経営を気にする必要のない単なる「国の宣伝機関」として捉えられたが移行し、メディアが企業として利潤を獲得するようになった。特に、国が進めるメディア戦略として「バラエティ番組との融合」が挙げられる。特に最近では国家が管理する観光名所などが舞台となり番組撮影を行うなど、仕掛けが大掛かりだ。上海・東方テレビの番組『極限挑戦《ジーシエンティアオザン》』では、史跡を丸ごと貸し切り、有名タレントが「鬼ごっこ」を行うという内容を企画した。日本で例えるならば、「京都の金閣寺でタレントが遊び回る」ような新しさがある。国の管理下で企画を遂行し、出演タレントも中国トップクラスの孫紅雷《スンホンレイ》氏や、台湾から羅志祥《ルオツーシャン》氏を招くなど、視聴者が「喜ぶ」キャスティングを行った。

台湾テレビ番組は、規制が極めて少ない、と言えるが、人気パロディ番組『全民最大党《チュエンミンツイタータン》』では、東日本大震災直後、政治家が被災者を見舞った様子をパロディ化したことで、日本や台湾のネットユーザーから非難を浴び、番組内で謝罪した。一連の流れは、台湾テレビ番組の自由度に大きな影響を与えることになった。『全民最大党』は、出演タレントが北朝鮮の金正日前主席やテレビ局女性アナウンサー・李春姫氏の模倣をすることを十八番としていたが、パロディ路線は徐々に薄まっていった。インターネット普及により、番組の映像がボーダレスで他国に届いてしまう現象に影響を受けたものだ。ネットが普及していなければ日本にもほとんど届かず、動画共有サイトにアップロードされ問題提起されることもなかっただろう。規制を受けたわけではないが、結果として「規制」に近い表現への圧力が働いた。

北京・胡同で撮影するアメリカテレビ局

中国は通常のテレビ放送だけでなく、インターネットを使った方式のチャンネル「網路頻道《ワンルオピンタオ》」も発達している。「網路頻道」は広電総局の影響を受けにくいため、完全フリーではないが、自由を求め、制作者も視聴者も、インターネットの方に流れつつある。

「ＢＯＮ（ブルー・オーシャン・ネットワーク／藍海電視《ランハイティエンシー》）」はアメリカに拠点を置く放送局で、中国国内の話題や映像を取り上げる。インターネット経由で見る中国人視聴者は少なくないが、中国国内テレビでは放送されていない。同局の紀行番組『ウォックンロール』のロケのこの日の舞台は、北京・胡同《フートン》（北京の歴史ある住居群）内、シェフの董《ドン》氏が経営するカフェ。董シェフは台湾から北京に拠点を移し、10年近く生活する台湾人で、北京の番組に出演し料理の作り方を紹介する一方、カフェを経営して生計を立てる。本場台湾仕込みの「魯肉飯《ルーロウファン》」も看板メニューの一つだ。番組クルー6人は、カフェでの集合時刻・午前10時半から、約40分遅れて到着。遅刻について、同じく経営を手伝う董氏の母親は軽く苛立ちを見せた。10時半頃、ディレクターから「市内の渋滞のため少しだけ遅れる」という連絡が入ったが、母親は「渋滞は定番の言い訳だ」と信用しない。

留学目的で中国に来たカリフォルニア出身のカイル氏が司会を務める。アメリカに拠点を置くチャンネルでありながら、オフィスは北京にもあり、スタッフ、司会者は北京に住んでいる。アメリカ人司会者と中国人ディレクター、アシスタント、カメラマンの合計6人という構成。放送は英語圏が主で、レポート、ナレーションともに言語は英語。現場の指示も、司会者カイルに対しては、英語が用いられる。撮影補助スタッフですら2カ国語を使い分け、国際化が進んだ撮影チームだった。

この日は「台湾伝来の魯肉飯を美味しく食べられるカフェがある」がテーマで、「台湾出身の董シェフに魯肉飯の作り方を聞く」「司会者、魯肉飯を食べて感想」「董シェフの祖父がかつて、北京に住んでいた胡同の家を紹介する」という撮影進行表だ。英語で料理を紹介しながら、感想を述べるカイル。ディスカバリーチャンネルなどでも、アメリカ人司会者は明るく、陽気で、吸引力がある。ただ、カイルには、この日、台本上でなかなか抜けられない落とし穴があった。

司会歴数年のカイル、効果的な「アドリブ」も繰り出し、セリフも淀みない。しかし、その中で、「台湾」の扱いには苦しんだ。カイルが魯肉飯を「台湾料理」として紹介する時に、口から出てしまう「タイワン・ナショナル・フード／台湾国家の食べ物」という言葉。事前にディレクターから、「台湾を『国家』呼ばわりしてはダメだよ」といった禁忌は念を押されているのであろう。自分でNGと気づき、もう一度、セリフを再スタートさせる。インターネットチャンネルとはいえ、広電総局は番組内の表現を無視しているわけではない。我々も注意するワードだが、中国大陸メディアでは、台湾を「一地域」と捉える前提があり、台湾出身の董シェフですら心得ているという。鬼門は「ナショナル」という単語。外国人出演者は、台湾メディアでは「台湾国家」という言い方をするものの、中国で「台湾国家」という表現をするとNGだ。撮影や取材の風景を見ると、人員構成によっては現場の空気が凍ることもある。アメリカ人のカイルもタブーは理解しているが、意識すればするほどに「ナショナル」という単語が出てしまい、苦い顔をしてやり直していた。

台湾人が中国大陸で商売を展開させる事例や、中国メディア界で活動する台湾人も増えている。しかし、流れは単純ではなく、台湾籍のタレントが湖南省の番組で司会をするケースもあったが、台湾人、香港人の司会起用には国家による制限が生まれ、再び、緩和された。中台間のバランス関係に芸能界も、時折、左右される。中国大陸でも活動する台湾人タレントは「台湾、香港人司会者が大量に流入すれば、中国大陸の司会者の居場所が確保できない可能性が生まれるため、司会起用を一旦、禁止したのではないか」と話す。とはいえ、番組を面白く仕上げたい中国人制作者としては、台湾人、香港人が持つ豊富なユーモアセンスと展開力は不可欠。台湾人、香港人は出演前に国の内部機関に申請することが必要だが、ゲストとしての起用は認められる。ゲストとして許可させておいて、毎週、司会さながらに起用するという「裏技」を使うこともあるという。

成都で反日デモに遭遇

四川省成都《チエントゥ》で、カメラマンを同行させての自作旅グルメ番組の撮影を行った。パンダ繁殖基地で名の知られる成都、四川料理は辛さが特徴の麻婆豆腐、回鍋肉などで、唐辛子づくしのロケとなった。カメラマンが先に帰国し、私だけ成都に残った。

街の中心部を一人歩いていると、デモ行進に遭遇した。バリケードが張られ、中まで進むことはできなかった。走って往来する公安。ひとまず、周囲は多くの見物人が携帯で撮影したりと、緊迫しておらず、大道芸でもやっているのかという雰囲気だった。

成都のホテルに戻ってパソコンを開くと、友人達からメールが来ていた。「成都では大丈夫か？」といった主旨のものだ。デモは、尖閣諸島問題発生に伴って、日本をターゲットに置いたものだった。友人達が私にメールしてきた理由は、成都のデモが日本のニュースでも報じられ、大手検索サイトのトップニュース項目にラインナップされていたからだ。ニュースは事実の一部分を切り取り、「尖閣問題で日中関係が悪化した」というストーリーにはめ込む。事象を収集し、臨場感の大小にかかわらず、尖閣問題のテーマに沿うよう組み込む。

工事音の中の撮影

「局内で火を使ってはならない」という規定があるため、中国の料理番組のキッチンスタジオは、基本的に、放送局の内部には無い。マンションの一室か、大学内部など、放送局とは別の場所に特設している。北京テレビ『食全食美《シーチュエンシーメイ》』のスタジオは、北京市を代表する運動用スタジアム・北京工人体育場の外庭敷地内にある。「変わった場所にあるものだな」と思いながらも訪ねると、体育場の側、ガラス越しにポツリとキッチンスタジオが見えた。同番組は、一流シェフが料理の作り方を教えるコーナー、北京のレストランお薦め料理紹介、レポーターの食べ歩き外ロケなど、分業制で各コーナーを作り上げる。

建物全体が工事を行う特設キッチンスタジオ。砂と埃まみれの空間を抜け、スタジオに入ると、食の香りが漂ってくる。収録1本目が終わったばかりで、シェフが番組内で作った料理数品に、アシスタントディレクターが買ってきた大量の饅頭《マントウ》を加え、昼食が始まっていた。怒濤の勢いで食べるカメラマン。

「あれも食え、これも食え」と、自分の作った料理を振る舞っているシェフで賑やかだった。

中国ロケ、典型的な昼食時間の姿だ。日本のようにおとなしく食べたりはしない。昼食を終え、2本目の収録が始まると思いきや、始まらない。原因は、工事の音。私がスタジオに入る前から、響き渡り、入ってもなお、大音量で聞こえていた。地面からの振動もあり、ドアを閉めてもさほど変わらない。工事音は、1本目の収録途中から始まり、スタッフは一同「厳しい」と感じながらも、無理やり、撮影を終えたそうだ。

収録2本目は、工事音終了待ち。しかし、音が止む気配はない。北京電視台の別番組ディレクター呉志勇《ウーチーヨン》さんが、スタジオ内で私をアテンドしてくれた。呉さんに「こういう場合、関係者に作業を止めてはもらえないのか？」と聞くと「頼んでも『自分達の仕事が終わらないじゃないか！　生活をどうしてくれるんだ！』と言い返されるだけだ」とのこと。予想される北京での会話の流れらしい。成す術が無いように、ぼんやり工事音が止まるのを待っているスタッフ。自力で何とかしようとは思わないのか。本当にどうしようもできないのか。

呉さんに「もし、『食全食美』の責任者なら、事態を切り抜けるか？」と聞いた。「私なら、工事現場のスタッフに『15分だけ時間をくれ』と頼むだろう」と呉さん。やはり、我々が考えつくのは、工事責任者にお願いする、という方法だった。私と呉さんの話は更に進み、「一人、撮影に直接関係ないスタッフを派遣し、工事の人にお願いする。お願いされている時間くらいは、工事の人間も少なくとも手を止めて話を聞いているだろう。イヤだと言ってもしつこくお願いする。会話時間を引き延ばし、時間を稼いで、その時間を使って密かに収録を進める。話している間に第2のスタッフを派遣し、話をさせ、時間を作り出し、第3のスタッフには、収録で余った大量の料理を彼らに振る舞い、小刻みの波状攻撃で時間を作っていく」となった。ロケ中に現場関係者が事情確認などに来て、撮影に影響を及ぼしそうになると、ディレクターが防波堤となる。カメラマンには「撮影は続行しておいてください」と伝えておき、関係者と長い世間話などをして時間を稼ぎ、撮影は全て終わらせているという手法だ。

待ちくたびれるスタッフ、1時間くらい経過した頃、工事の音が止まり、収録は司会者2人とシェフ2人のトークで再開された。2本目の料理は「豚肉と空心菜のあんかけ麺」。具材を鍋に入れ、炒め始める。すると、ここで、また工事音が響き出した。スタッフの顔は、渋くなった。収録を始めた手前、止める訳にはいかない。工事音が響く中、進む撮影。BGMを強くつけたり、その部分を短くしたり、現場音を除き、ナレーションをつけたりしてごまかすしかないだろう。

2本目まではなんとか撮り終えたが、騒音下で、3本目を始めるわけにはいかない。「時間稼ぎの案」を提案してみようかとも思ったが、番組にはそれぞれ流儀がある。人様の番組に出しゃばって意見を言うわけにもいかない。現場は一旦解散。ロケの再開始時間は午後6時で、「5時間」の休憩時間追加が決断された。スタッフ達はどうするのだろう。

記者が求めるテレビインタビューのコメント

北京で、マスコミや飲食業関係者が集う会議に出席した際、台湾・三立《サンリー》テレビの取材を受けた。「中国大陸と台湾のテレビ撮影はどう違うか」「中国大陸と台湾、グルメの違い」「台湾グルメで一番、気に入ったもの」「中国大陸での今後の展開」という内容であった。記者は、「質問の流れをどう作るか」を大事にする。今回の取材は「アラを探す」という類いではなく、友好的なものだったので、答えやすかった。局や記者の性格によっては、質問の流れが「刺激的なことを言わせる」ために煽ることがあるので、注意を要する。

取材は「中国・北京で日本人が台湾テレビ局に取材を受ける」という特殊なパターンである。「反大陸」「大陸寄り」「ニュートラル」なのか、局のスタンスを注視する必要がある。反大陸な局であれば、記者が求める質問は「大陸の悪口」方向に誘導され、大陸寄りであれば、「大陸の発展」といった部分からのアプローチになる。大抵の報道機関は「我らこそニュートラル」と思っているから、何を中立とするかは判断に迷う。とはいえ一介の外国人が報道機関の思想傾向を見抜くのは困難で、良い経験、苦い経験、両面を出しつつ、「都合の悪いところは編集でカットして、好きなところを使ってください」という玉虫色的のスタンスが現実的である。番組がどういうトーンに仕上がるかは、記者やディレクター、編集長の「味付け」次第だ。記者やディレクターはインタビューの中に「新発見」「奥深さ」ではなく、彼らの「シナリオ」に合うコメントを求めているのだ。

伝媒（メディア）大学

中国大陸や台湾の司会者は、みな快活でイキイキしている。大学から伝媒《チュアンメイ》大学や演劇学院で学んでいる司会者が多く、基礎も、司会者としての教養の入れ方もしっかりしている。日本では、大学の「アナウンス系サークル」や大学とは別に通う「アナウンス学院」はあるが、「マスコミ専門大学」として確固たる地位の大学はない。高校前までにマスコミ系への就職を希望した場合、中国では「伝媒大学」を進路として照準を絞るが、日本の場合、はっきりとした選択肢が用意されていない。伝媒大学を好成績で卒業すれば、中国テレビ局の採用は近づく。しかし、日本では、どの大学に行けば放送局への就職が近づくのかよく分からず、アナウンスや知識の蓄え方について、学生時代から専門的に準備ができない。

伝媒大学は、アナウンサー科、撮影科、制作科などに分かれ、アナウンサー科の授業には、発声練習、発音練習、表現の仕方、インタビュー方法などが組み込まれ、単位を取りながら、技術を習得できる。伝媒大学卒業という学歴があれば、放送業の即戦力クラスという能力の証明になる。そのため、20代中盤〜30代前半でも局の看板番組でエース級の活躍をする司会者も少なくない。成績優秀者は、中国中央電視台、香港鳳凰《フォンファン》、湖南テレビなど大手テレビ局に入社できる可能性が高い。日本で、「大学卒業＝一定の技能保証」という図式は、教育大学、美術大学、体育大学以外では当てはまりにくい。

日本では、サークルに入るか、授業料を別に支払いアナウンススクールに行く。校外でやらねばならないというのは、色々な面で大変だ。中国では、大学の授業で進路の専門を学び、単位を取れ、卒業、就職に結びつくため、学生としてのモチベーションにも繋がる。中国中央電視台の現役アナウンサーやプロデューサーが、伝媒大学の講師として名を連ねることも多い。国営のテレビ局と、国立大学という組み合わせだ。採用側も、純粋に大学での「成績」を信用すればよく、学生選抜にあたって苦労が少ない。日本のマスコミ界は、大学での成績、単位取得数よりも「個性」「クラブ活動」など評価が曖昧で漠然としており、採用側が学生の適性を見抜けず、採用後に企業と新入社員のミスマッチで若年層の早期退職が少なくない。中国大陸のマスコミでは、18歳前後から業界英才教育が行われ、入社後も、有能な人間が安定して仕事を続けられる環境が整っている。

時に歌ったり、物まねをしたり、ふざけたりする中国司会者の実力は高い。アドリブも利き、暗記能力も優れている。若い時から「文章を覚える」という習慣をつけておかなければならないセリフ暗記は、伝媒大学で習慣を叩き込まれているので、強みである。日本ではそういう習慣を大学で叩き込む場所がない。特に最近の日本人司会者は、自分を押し出さず、なんとなくの雰囲気で場を作っていこうとする。お笑い芸人のツッコミ役は、多様なボケに対し「的確に突っ込む」という習慣、経験を持っており、制作者は、局アナではなく、ツッコミ役の経験とスキルを買うのである。

中国では、毎年6月、「高考《ガオカオ》」と呼ばれる大学入学のための試験が一斉に行われる。前年秋に受験登録、5月に希望大学（4年制の本科、主に3年制の専科に区分）に志望順位をつけ申し込み、6月に受験。不合格の場合は追加募集を出している大学専科を選び再志願するというシステムだ。

中国は受験前に志望校を出すが、日本の国立大学へは「センター試験」を受験し、2次試験前に志望校を出す。中国では地域によって受験科目が異なり、文系の場合、国語、数学、外国語、社会などという科目が相場だ。目指す大学によっては専門的なスキルが受験科目に加えられる。「アナウンサー」を目指す若者は「播音《ポーイン》（アナウンス）」の技術を訓練しておかなければならない。日本でいう「赤本」のようなイメージで、対策本も販売されている。『播音主持巻《ポーインチューチーチュエン》（アナウンス司会読本）』と名付けられた書籍が中国の書店に並び、高考の受験生のための対策内容を掲載する。試験は「初試《チューシー》」「復試《フーシー》」「筆試《ピーシー》」の3段階。初試は、1分以内の自己紹介のほか、自ら持参した文学作品で3分以内の朗読と、与えられた課題の朗読が実施される。復試では、朗読に加え、与えられた文語体の文章を口語体に変換、模擬司会、アドリブでの描写。筆記では、テーマにしたがっての小論文が行われるなど難関が用意される。「普通話《プートンホワ》（標準語）が話せること」「声が良いこと」が求められる人材像として盛り込まれており、発音矯正が必要となる。中国は東西南北広く、方言やなまりの激しい地域もあるが、アナウンサーを目指す学生は、標準語スピーキングの訓練が必須となる。声の良し悪しは「先天的」要素が多少なりともある。しかし、アナウンス系大学を目指すならば、中学高校時代から演劇部などに所属して発声練習を行うことも求められる。

対策本では、「普通話」に関して、口の開け方や舌の置き場所などを細かく説明。朗読練習の教材として「共産党に関するニュース」「（初代国家主席）毛沢東氏の演説」「（中国の詩人）李白《リバイ》や柳宗元《リウツォンユエン》の詩」などが挙げられている。さらに、中国中央テレビ歌謡番組の司会者のセリフなどが一言一句テキスト化され、「司会としての技術」を養える。中国では大学が専門化しているため、アナウンス系の大学に入らなければ、アナウンサーになることは難しい。多くの職種において専門性の高い職につきたい若者は、早めに職を絞り込み、訓練をする必要がある。

個人的な味の好みを主張

日本のクッキング番組で、司会者が「私の大好物です」「あまり好きではない」といった個人的な味の好みを入れるということはほとんどないが、中国人司会者は番組で自分の好き嫌いを平気で主張する。中国中央電視台で放送されるクッキング番組『天天飲食《ティエンティエンインシー》（毎日の食事）』。一流シェフが料理の作り方を教えるという硬派な番組だ。ある日の料理は、中国の屋台でよく見かける「涼粉《リャンフェン》（澱粉を使った麺のような食材）」。司会者は「私は涼粉は好きではない。屋台の涼粉は何を入れて作っているか分からないから、特に街角の屋台では食べたいと思わない」と料理をしながら言ってのける。のちに「しかし、（番組に出演する）シェフの店の涼粉は安全で味も美味しい」というフォローを入れる。

別の回では、「タケノコの缶詰はすっぱくて渋い。航海や、登山時など、やむを得ず缶詰を食べざるを得ない時だけ食べればよい」とコメント。缶詰ではないタケノコが美味しいということを強調するための表現だが、一方で缶詰会社への批判と取られかねず、日本ならば、放送されないだろう。茄子炒めをシェフが作っている時に「私は茄子にニンニクを和えたものの方が好きなんですよ」など、司会者が「私的な味の好み」を言うこともある。中国の収録用キッチンスタジオでは、挨拶がわりに煙草を勧められる。司会者、カメラマンも収録直前まで煙草を吸い灰皿に煙の残る煙草を置いて、キッチンへと向かう。調味料も雑多に積み上げられ、お世辞にも清潔とは言えない。床も油でツルツルしており、滑りそうになる。収録前、皿を拭くスタッフ。よく見ると、布巾は、スタジオに常に置かれているもの。布巾というより雑巾に近い。「清潔にする」というよりは「カメラで撮影される際に見栄えを整える」類いの手入れなのである。大連テレビの一峰氏が、料理に手をつけないのにも、一理ある。

ロケでは、ディレクターが箸やスプーンといった大事な小道具を忘れてくるというハプニングも多い。もはや日常茶飯事のことでハプニングとすら呼べない。ある収録回、移動車中のロケで、タレに漬け込まれた涼粉がプラスチック容器に入れられ、差し出される。涼粉は中国料理番組によく登場する。

司会者A、Bの会話。

A「この地方の涼粉は特に美味しいですよ。食べてみて」

B「美味しそうだ」

と言って容器を持つものの、箸がないことに気づく。「箸は無いの？」とディレクターに確認するも無い。と、ディレクターが「箸が無いから仕方ない」と言って手で掴んで食べようとする。ベタベタのタレで滑り、落とし、汚れがシャツに付着する。

A「あら？　汚れがシャツについた。運が悪いね」とBを茶化す。放送上は「爆笑」の効果音が加えられていた。

日本で移動車中のロケならば、箸を忘れていれば、途中でコンビニエンスストアに寄り購入するだろう。しかし、中国では「箸がないことくらい、些細なこと」として、進めてしまう。

青海テレビのロケ番組。雲南省で養蜂業者の取材をしていた司会者は、摂れた蜂蜜を指差しながら、「この蜂蜜はハチミツレモンにすると美味しいのでやってみましょう」と提案、レモンと蜂蜜にお湯を注ぐ。しかし、スタッフがスプーンを忘れていたため、そのまま混ぜようと人差し指をお湯の入ったカップに突っ込み「熱い！」とヤケド。そのシーンがそのまま放送されている。日本では構成、編集に整合性、細かさを求める。スタッフの舞台裏での不手際はほとんど放送しない。中国では、根本的に「不手際」だとも捉えていないようで、放送にも「臨場感」という扱いで容赦なく出す。

中国大陸や台湾の放送界には、「日本のテレビ番組は良質」という評価が定着していた時代があったが、その評価も変化している。「日本の番組編集は細かい」「このカメラは日本のソニー製」と聞くことはあっても、番組の質の評価については、聞かなくなった。台湾に「日本専門チャンネル」はあるが、視聴率は芳しくないという。アジアのテレビマーケットを見ると、日本マーケットだけ閉じているという印象だ。香港、台湾にはアジアの音楽、歌謡を紹介する番組はあるが、日本は韓流が一時期、過剰にピックアップされた程度で、中華圏音楽の潮流を一般視聴者に知らせるような番組は地上波では殆どない。衛星放送で時折流れるが、主流にはなっていない。

「日本は放送界もガラパゴス状態ですね」と、日本のあるテレビ関係者は言う。台湾では世界各国、特に日本、中国大陸、韓国の情報は報道だけでなく、芸能、文化等、どんどん取り入れられ、中国大陸でも、日本で起きた一般ニュースレベルの出来事がトーク番組の話題になる。しかし、日本は、報道の国際ニュースで時折出てくるものの、例えば、中国でどんな番組やタレントが流行っているのか、台湾のブームは何かなど、それらを定期的に紹介する番組は皆無に等しい。

韓国人男性ユニット・スーパージュニアが歌う『ソーリー・ソーリー』、女性ユニット・ワンダーガールズの『ノーバディ』。この2曲は、韓国のみならず、台湾、中国など日本を除くアジア圏で大流行。日本はその当時、韓国人俳優、韓国ドラマは流行していたが音楽は殆ど進出していなかった。『ソーリー・ソーリー』『ノーバディ』は独特のダンスが特徴で、フリを知らない者はいない、という大ブームが起きた。それを知らなかったのは、ブーム時に日本国外のアジア圏に住んでいなかった日本人だけだ。

夜9時以降のドラマ、昼2時から夕方にかけての再放送、日本は「ワイド劇場」、「サスペンス劇場」の類いが多い。海外のテレビ制作者、編成担当者は「日本のテレビは殺人描写が多すぎる」と首を傾げる。日本では子供の頃から見ていて、いつの間にか慣れる。中国の番組にも殺人の描写はあるが、多くは、歴史や戦争時を描いた「過去完了形」のドラマに見られるもの。日本は、現代のストーリーの中での「殺人シーン」を描く。一方で、『おしん』『東京ラブストーリー』など、日本のドラマが中華圏で大ヒットしたケースは少なくない。しかし、台湾テレビ局の編成担当者は「日本のドラマは、サスペンス、ミステリー系が増え、ストーリーが難解で買いにくい」と話す。日本ドラマは、放送開始から回を追うにつれ視聴率が上がってくることも稀にあったが、多くは回数毎に下がる傾向だ。「初回を見逃すと、ストーリーの意味が分からず、2話目以降から入りづらい」というストーリーの難解さも一因となる。韓流ドラマが日本で成功した理由の一つに「どこから見ても入っていける」という要因がある。

途中打ち切りや、最終回の時間拡大が時折起きるが、日本では「11本限定」と一旦決定したら、話数は原則変わらない。台湾では、ドラマがヒットすると、脚本を書き足し、話数を増やすことがある。「収録分を急いで編集し翌週放送する」といった制作スタイルも多く、時に、収録がギリギリになることもある。台湾人気ドラマ『夜市人生《イエシーレンシェン》』では、嫁と姑がソファーに座り「旬の政治ネタを延々と話している」といった間に合わせと思われるシーンも出てきた。日本の最終回時間拡大も、台湾の番組購入担当者に嫌がられる。基本的に台湾テレビ局は、1時間刻みの番組編成を行っている。同じ番組を1日に数回放送、24時間の枠は4～6種類の番組で埋める。『最終回だけ70分』といったドラマは、編成をいびつにし、営業部にとっても扱いにくいコンテンツとなる。

日本のマーケットを見切り、番組販売で海外進出を図ろうとする日本の放送局、番組制作会社は少なくない。時代の流れに乗り目指すのは、台湾市場、そして、その後の中国大陸市場。「台湾経由、中国大陸」というのは、自動車や電気、飲食メーカーのみならず、放送業界でも考える流れである。台湾には日本の番組専門チャンネルが二つある。中国には、上海の星尚《シンシャン》頻道《ピンタオ》に、日本人を含む外国人が司会をする番組があるものの、日本の番組を専門的に扱うチャンネルは無い。以前は『おしん』が、昨今では『大奥』が中国で放送されたことがある。台湾では『篤姫』が大ヒットし、鹿児島には台湾からの多くの観光客が訪れた。台湾の方が攻略しやすく、中国大陸のチャンネルに日本の番組を持ち込むのは不可能とは言えないが、かなりの難関だろう。

台湾で長年にわたり人気を集めたのはテレビ朝日『いきなり！ 黄金伝説』だ。『ロンドンハーツ』や『ナニコレ珍百景』なども放送される。台湾では爆笑問題やダウンタウンより、ココリコやロンドンブーツの知名度の方が高いのは、これらの番組がハードローテーションで放送されているからだ。東京以外の地方局の番組が放送されることもあるが、多くが1～2クールと長くは続かない。日本の地方局が作る番組は、前提として「その地方在住の人」をターゲット設定しており、他地域の人間が見ても面白みを感じない内容だからだ。台湾で流行する日本の番組は、システムが構築されている。『黄金伝説』は毎回のコーナー構成が確立し、タレントの個性に頼らず、ある意味で、誰が出ても成り立つ構成と企画力だ。日本のみで放送されるならば、タレントの人気に頼った内容で許されるが、そういった背景が関係ない海外では、「番組企画」そのものが勝負となる。『ロンドンハーツ』も女性タレント同士の口論、ランク付けが見どころの一つだ。数々のコーナー企画が台湾視聴者に受け入れられたのがロングヒットの要因である。

　中国では、システムよりも出演者の「個人の力量」が重視される。「司会者とゲスト」というシンプルなトーク番組も多いが、吸引力のある名司会者を起用する。崔永元《ツイヨンユエン》氏が司会を務める『小崔説事《シァオツイシュオシー》』、李静《リージン》氏が担当する『非常静距離《フェイチャンジンチューリー》』などタイトルに司会者の名前を取ったものも多い。中国司会者は、司会業のみならず歌、ダンス、演技、執筆などの能力バランスが高く、番組内で特技として披露することもある。

食の安全性にまつわるエピソード

北京テレビの呉志勇《ウーチーヨン》ディレクターが、局の裏の番組スタッフ行きつけ四川料理店に招待してくれた。四川料理が大好きな私自身の好物は、白身の魚を、辛い油に漬け込んだ「水煮魚《スイジューユー》」だ。私のリクエストで大きな碗状の皿に盛られて出てきた水煮魚。小皿に取り、食べようとすると呉ディレクターから「ちょっと待て」と制止をかけられた。

「この魚は、色が緑に変色している。化学物質が混入しているのではないか」、もう一人のディレクターも、首をかしげ、「色が不自然。人工的な色でおかしい」と呼応。私は「まさか普通のレストランでそれはないだろう」と思ったが、ディレクター達は早速、店員を呼びつけ、「この奇妙な緑はどういうことだ」と迫った。

店員は「奥で聞いてきます」と厨房に入り、数分後、「シェフは大丈夫だと言ってます」と伝えに来た。しかし、呉ディレクターは、「絶対に食べられない！　キャンセルだ！」と料理を戻してしまった。口に入れる直前で、「水煮魚」モードの舌になってしまっていた私は拍子抜けしながらも、戻っていく魚に黙って別れを告げた。支払いの際、ディレクターは、伝票を細かく確認、キャンセルした水煮魚の勘定が加えられてないか、その他、ごまかされていないかを照合していた。中国では、中国人同士で、ましてや行きつけの店でもこのように警戒しながら食事をしている。

浙江省のグルメロケ番組で、司会者3人が「すごく広いですね」と感嘆しながら、畑に向かった。作業をしている農夫を発見し、「何の収穫をしているのですか？」と問いかける。すると、農夫は「キャベツだよ。見てごらん。農薬を使ってないから虫食いがたくさんあるよ」と言ってキャベツを差し出す。

「ほんとだ。こんなに虫食いの穴がある。（カメラがキャベツの虫食いにズームイン）このキャベツは絶対に農薬を使っていないですね」

別のシーンでは、リアカーで野菜を売っているところに司会者が突撃インタビューを敢行。「何を売っているのですか？」「キャベツだよ。うちのは農薬を使ってないよ」と言って、穴が開いたキャベツの葉を見せた。

「そうですね、本当に農薬を使ってないですね」

レポーターの取材に対し、「農薬は使っていない」と、口を揃える農家。農家の朴訥な口ぶりから、「仕込み」があったとは考えにくい。反射的に口にする姿、「農薬は使っていない」とアピールする姿は、中国における農薬被害の深刻さの裏返しとも解釈できる。

浙江の番組クルーが四川省に行き、蟬を食べるシーンでは、「蟬は見た目もグロテスクだし、食べたこともない」と難色を示した女性司会者に対し、男性ディレクターが「9年間、樹木の内側でエキスを吸ってきた。外気に汚染されていない、まさに天然そのもの」とアピールするシーンが放送された。

椰子ジュースについても、店のオーナーが「防腐剤が入っていない」とアピールするシーンがある。番組は外国人観光客向けではなく、中国人スタッフが『中国人視聴者向けに』作ったものである。国内に向けても「農薬や添加物の汚染が無い」と強力にアピールする姿から、「他の農作物にはかなりの薬が使われているのだろう」と、推測せざるを得ない。日本では、テレビで行う農作物のアピールポイントは、産地直送、自家農園栽培、有機栽培、味の美味しさといったところだが、中国では真っ先に「汚染されていない」というポイントが出てくる。「無汚染だ」ということについての強調は外国人から見れば奇異だが、中国人視聴者の間では習慣化しているようだ。

湖南省長沙の挑戦型番組

挑戦型番組が、中国では一定の人気を集めている。公園やレジャー施設とタイアップし、施設内の湖やプールを設営、セットが組まれる。様々な関門が設けられ、時間内にゴールに辿り着いたらクリア。時間内に辿り着かない、あるいは、水に落ちればアウト、というルールだ。

日本では『風雲！　たけし城』、進化形では『SASUKE』のような番組がイメージされる。湖南テレビの挑戦番組『智能大衝関《チーノンターツォンクワン》』。収録場所は、長沙・月亮公園だ。湖南テレビから程近い公園の湖に大規模なセットが組まれていた。毎週土曜、日曜にセットが設営され誰でも観覧できるため、公園の番組観覧は長沙観光の名物となっているという。挑戦者は基本的に一般人だ。

出場者控室は熱気が充満している。「関門をクリアしたい」と気合いを込める参加者もいれば、関門のクリアよりも、スタート前に司会者と行う会話、パフォーマンスに力を注ぐ者もいる。派手な衣装をまとう者、上半身裸にペイントしているような若者の姿もあった。挑戦者受付所では、身分証（外国人はパスポート）のコピーを取られたあと、「ケガをしても、自己責任」という内容の承諾書4枚の書類に、サインをさせられる。局関係者は「局として責任は取らないが、収録では、よく救急車で病院に運ばれている」と教えてくれた。高いところから落下した後、水面まで行けばよいが、運悪く、下方のセットに当たってしまうケースなどもあるようだ。ケガは骨折、打撲の類いが多く、脊髄損傷の例もあるようだ。

私も話の流れで急に挑戦出演が決まった。しかし、相応の予備の衣服、靴の準備等をしていなかった。宿泊ホテルが湖南テレビの敷地内にあるため、簡単な準備で挑んだ。司会者・李鋭《リールイ》氏との簡単な掛け合いを終え、いざ出発。坂を下る、板に乗る。板が下に着けば、ジャンプし、広いスポンジ板に乗り移る……。向かってくる棒をよけながら進むとイメージをしたが、一番初め、下る板が着いてジャンプするところで落ちてしまった。

日本でも、挑戦型番組は存在するが、一般人が参加できるものは少なく、ほとんどはタレントがチャレンジするバージョンに変わってしまった。一般人参加型の減少には「プライバシー保護重視」が背景にあり、挑戦型番組では「一般人がケガをした場合」の処置が難しい。中国のように「局は一切、責任を取らない」という書類に事前にサインさせるという方法もあるが、やはり「参加してケガをした」となれば、情報は瞬く間に世に広がっていく。事務所所属のタレントを挑戦者として起用する方が情報管理の面でも、様々なリスクが防げる。

台湾メディア業界でやってきたこと

台湾では旅グルメ系番組を制作し、台湾テレビ局に提供し、放送された。台湾の中国語番組や中国大陸の番組出演は、旅グルメ番組放送開始後に付随して生まれた現象である。当制作チームで制作した番組本数は100回を超えた。台湾では金門《ジンメン》、馬祖《マツ》などの離島なども含め、各自治体を回った。番組制作には通常7〜8人必要だが、基本的に私とカメラマンの2人で動いた。少ない人数でチームを組むことにより、機動力が増し、様々な局面での判断スピードも増した。台湾テレビ局との業務提携では、再放送の権利を「フリー」にすることによって、私が司会の番組がかなりの頻度で放送されることになった。これにより、業界知名度が上がり、他の台湾テレビ、ラジオ番組のオファーを受けることとなった。

台湾での番組放送は、「日本語番組に中国語字幕をつける」という形式で行われた。中国語字幕は、テレビ局が外注の字幕会社に出すため、現地での質問、会話部分以外は、ナレーションも全て「日本語」で行った。台湾には「日本から購入した番組だけを放送するチャンネル（日本台《ジーベンタイ》）」が複数有り、私の番組も、その「日本台」で放送された。番組の知名度の高まりによって、私に「中国語チャンネル」からの出演依頼がくるようになった。中国語会話力に不安はあったが、出演依頼を受け、初回はほとんど話せない状況で終えたが、私にとっての収穫は大きかった。アドリブ力やユーモア、トーク力、見識の高さ、周囲への気遣いなど司会者の力量には舌を巻いた。

台湾と中国大陸で、番組はおおよそ「北京語」で放送されるが、中国大陸の方が「北京語」の強制力が強い。台湾は、ニュース等は基本的に北京語だが、バラエティ番組やスポーツ実況などは、「台湾語（閩南語《ミンナンユー》）」が加わることがある。「台湾語専門チャンネル」もいくつか存在する。台湾前総統の陳水扁氏は、総統選挙での演説を「台湾語」で行ったこともある。したがって、台湾の番組は、日本人の「中国語（北京語）」学習者にとっては難しい。「台湾語」が急に出て来たり、芸能人のスキャンダルを題材にユーモアが生まれ、バックボーンを知らない視聴者にとっては疑問符がつくが、様々な角度から話が膨らむのが台湾テレビの特徴で、タレントやディレクターの生き残り競争も激しい。一方、大陸の番組は、台本が審査された状態でスタートする。アドリブのように見える部分も、流れは「老若男女」誰でもが分かる構成になっている。

台湾の「芸能人」はタレント、役者、歌手などを兼ねる場合や、大学、大学院卒、帰国子女なども少なくない。学歴やキャリアを持った人材が「芸能人」となるため、情報番組やバラエティ番組の共有知識のクオリティ、雑談やユーモアのクオリティも「世界的」となる。台湾人は、中華圏全域から「文化、芸能のレベルが高い地域」と認識され、台湾芸能人が中国大陸の番組からオファーを受けるケースも多い。

中華圏テレビ業界の勢い

中国大陸は日本よりも、テレビ業界が「活性化」しているといえる。一方、台湾では、タレントや俳優が出演料の高い大陸に活動の場を求めるため、芸能界が空洞化している。しかし、中国大陸は、テレビ番組は、テレビで放送された後も、複数の再放送、インターネットで配信、拡散が成される。華僑の住む英米圏でも、インターネット配信は拡散効果があるため、制作者や、出演者のモチベーションは高い。「スポンサーのロゴを画面端に載せる」「司会者やナレーターが番組中に番組スポンサーの名前を発する」ことで、企業とのコラボレーションは加速する。

中国では、テレビ局がインターネット界に積極的な「拡大展開」を図っている。日本では、テレビ局が「ホームページ」を持っても、その中で「番組」まで放送することは少ない。アメリカでは、CNNなどが動画クリップや文章記事を配信、タブレット向けに放送が流されるなど、インターネットに対し、複数のメディアを組み合わせる「メディアミックス」のポジションを取っている。

流れを牽引している国営テレビ局・中国中央テレビ（CCTV）は、インターネットテレビ・プラットフォームを開設。「デュアル・プラットフォーム・サービス・プロバイダー」というシステムを使うことで、パソコンをつけるだけで、テレビ放送を国内のみならず、海外でも見られる仕組みを作っている。インターネットサイトでは、20近いチャンネルを用意、英語圏視聴者に対する切り札は「CCTV News」だ。CCTV Newsでは、北京に独自スタジオを開設。世界各国に特派員を派遣、取材レポートや電話中継などを放送。各国主要メディアとも業務提携を行っている。中国人をはじめ、白人、黒人、韓国人など多彩な顔ぶれのキャスター陣は流暢な英語で番組進行を行う。「アフリカ経済」「グローバルマーケット」「ワールドビジネス」「世界の株価、為替トピックス」など、クオリティはCNNを凌駕する勢いだ。CCTV報道部門は「インターネット」を加え、世界中に英語で発信できるプラットフォームを作り上げた。

「テレビ離れの原因は価値観の多様化」という声も聞かれるが、テレビの媒体に対する制作者、表現者の気概の減少もあるだろう。かつては、テレビが表現の「最終地点」として捉えられていた。しかし、昨今は、テレビは入り口に過ぎないと考えられている。テレビドラマはのちにDVD化され、レンタル市場に並ぶ。テレビタレント発言は、インターネット上で記事化され批判にさらされる。テレビそのものを見ている人よりも、テレビ内容が記事化されたものを別のインターネット媒体で見る消費者の方が多い。「視聴者のため」という目線より「スポンサーのため」「収益のため」という目線が強まっている。よって、わざとらしい制作法になり、視聴者にも懐疑が生まれる。制作者の手抜きは、視聴者にも伝わるもの。「過去の番組がネットで配信される」というビジネスモデルも生まれているが、課金制に対し、視聴者の反応は弱い。「テレビ=公共性=無料」というイメージが市民には根付いており、「わざわざ金を払ってまでは見ない」という気質は根強い。日本はテレビ局のカバーが基本的に「都道府県別」に分かれている。台湾は全国一括。大陸は省別が基本だが、各省の1チャンネルは衛星を使って全国に流すことができるというシステムだ。沖縄県で北海道のテレビ番組は見られないが、中国では別地域の番組を視聴することが可能だ。

中国では、ユーチューブ、フェイスブック、ツイッターなどの、ソーシャルネットワークサービスは見ることができないが、中国人は不便を感じていない。自国製でまかなっており、中国製のSNSの方が使い勝手が良い場合もある。中国版ツイッターは「微博《ウェイボー》」と呼ばれ、人気を集めた。利用者も多い分、仕事の展開を目論んだ私にとっても利用価値があった。しかし、微博は徐々に下火になり、微信《ウェイシン》にスライドしていった。微信の機能はLINEよりも上とされている。検索や出会い機能も充実。一方で日本のLINEは昨今、プライバシー保護などの影響によってアカウントの取得、維持が難しくなっている。「LINEいじめ」なども問題化され、自由と不自由が行き来している状態で、先細りの雰囲気が漂う。

自分をネタにして笑いをとる外国人

台湾・八大テレビのトーク番組『WTO姐妹會《ジエメイホイ》』には、台湾人の司会者に、7~8人の外国人ゲストが参加する。外国人から見た台湾の面白い文化、奇妙だと思える習慣などをユーモラスに紹介する番組だ。トークテーマは「世界各国の面白い交通手段」「世界各国の怪談話」「台湾人に礼儀はあるか」など、バラエティに富んでいる。

出演するのはタレントも含む台湾に移住した外国人で、白人、日本人、韓国人、黒人など人員構成は毎回変わる。ディレクターも事前打ち合わせで「相手の話に割り込んでも構いません、どんどん盛り上げてください」と出演者を鼓舞するなど、表現はかなり自由だ。

ある放送回のテーマは「遺伝」。南アフリカ出身の黒人ゲスト・コンキャン氏は、興奮気味で、「黒人の皮膚にも色の区別があるのですよ」とまくしたてていた。台湾人司会者が「全部、黒じゃないの？　全然、区別がつかない」と返すと、コンキャン氏「色には主に3種類あります」。司会者「三つも？　どんな区別なの？」。興味津々の出演者達に対し、コンキャン氏は「一種類目は『黒《ヘイ》（黒い）』、二種類目は『很黒《ヘンヘイ》（とても黒い）』、三種類目は『非常黒《フェイチャンヘイ》（かなり黒い）』」。

大爆笑するスタジオ。3人の黒人が写ったフリップ写真を取り出し、色の違いを説明する。台湾人司会者や他の外国人ゲストには皮膚色の区別はつかないが、必死に説明していく。日本では「黒人」の皮膚の色そのものがテーマになること自体有り得ないが、こういった展開は台湾では珍しくない。台湾でも放送表現については「外国人ゲスト本人達が言っている」ことで予防線を張るものの、台湾人司会者も積極的にいじる。番組の最後には「これらは個人の見解であり、局の見解ではありません」という字幕が出る。収録番組のため、危ない表現は編集でカットできるが、日本では「絶対アウト」という表現まで放送されている。

北京の歴史番組で

国外では、台湾にはじまり、杭州、南京、大連、長沙などでの出演や制作者との交流が保てていたが、中国テレビ業界の状況を知るにつけ、「北京」の重要性が強く感じられた。日本人は、観光でのインパクトや距離感、中国国内への乗り継ぎハブ空港、万博のイメージなどから、中国の大都市として「上海」を想起するかもしれない。しかし、放送番組、制作状況から見るに、北京が、確実に中国の情報産業の中心にある。北京には国営放送である中国中央電視台や、旅遊テレビなどもある。一方で、国の広電総局本部も置かれ、チェック体制も強く、監視された中での番組作りだとも聞いた。

微博を使って打ち合わせを進め、北京テレビ『食全食美』、旅遊衛視『康寧心煮芸《カンニンシンチューイー》』という二つの料理番組の出演機会を得た。その際、杭州や南京など他地域のディレクターが別ルートで北京テレビ関係者を紹介してくれるなど「中国はやはり人脈世界」を思い知らされた。しかし、2カ月後の出演へ向け、準備を進めているところで、尖閣諸島（釣魚島《ティヤオユータオ》）の問題が発生。すぐに収まるだろうと期待したが、長期化した。特に中国メディアは如実に反応し、レギュラーで他番組に出演している在中国日本人タレント出演などをキャンセル。北京よりも上海や杭州、南京、長沙に日本人タレントが出演している番組枠があったが、枠が消えた。北京の広電総局本部からは離れた上海の地方チャンネル「星尚頻道」でも、日本の流行を特集する番組『東京印象《トンチンインシャン》』が急遽、放送をストップするなど、影響は大きかった。その空気の中で、強行して北京に行き、出演を無理やり押し込もうという気にはなれなかった。出演に向け微博などでは良好なコミュニケーションを取っていたが、私が出演を無理に頼めば、制作者も「日本人の出演を押し込もうとする危険分子」とみなされ、勤務上の不利益を蒙る可能性がある。希望を主張せず、「日中関係が回復すること」を期待しつつ、自分からキャンセルをした。それから約1年。北京テレビの関係者と具体的な訪中に向け、再度コンタクトを取った。一定のやり取りはあったが、日本人が中国メディアに関われるのかどうかという空気感は、具体的に訪中を前提としたコミュニケーションを進めなければ分からない部分もある。北京テレビの呉氏は、歴史ドキュメント『揺案《ダンアン》』のチーフディレクターだ。以前にも数回会っていたことで「空気の読める」関係性が築けていた。私が「北京に行く」と話を持ちかけると、「セリフのないシーンを用意する」と行間を読んでくれた。「日本人が中国テレビに出る」というテレビ界の禁忌は、消滅しているわけではなかった。無理強いして呉氏の立場を危うくする気は全くなかったし、こちらから軽く尋ねるというアクションまでは起こさなければ把握できないものでもあった。

押さえておきたい北京で、私は、セリフなしの「秦の始皇帝」という役柄で歴史再現フィルムに登場することになった。映画村で撮影。歴史上の専門用語が多く、カメラマンからの指示が聞き取れず「この皇帝は中国語が聞き取れない！」と揶揄され、笑われることもあった。情けなくも、反面、貴重な経験ができているという充実感もあった。

台湾プロ野球ペナントレースの始球式

台湾プロ野球の公式戦で始球式を行った。台湾で芸能活動や、取材活動を行う中での「縁」の中で生まれたことだ。試合は「統一《トンイー》対ラミーゴ」。統一ライオンズには、高国慶《ガオクオチン》、高志綱《ガオチーカン》という二人の友人の選手が在籍し交流があったことも、始球式の機会へと繋がった。一般的に「始球式」は、政治家や行政担当者、会社社長、タレントらが指名され、マウンドに登るが、知事等がスローボールを投げワンバウンドしているイメージが強かった。以前から、自分がマウンドに登るなら、「ノーバウンドで勢いのある球を投げたい」という思いがあった。ストライクが入るに越したことはないが、ヘラヘラしたボールではなく、スピード感のあるボールを投げたい、と思っていた。

始球式の数日前、台湾プロ野球リーグのスタッフと、統一ライオンズのチームスタッフと食事をした。台湾プロ野球リーグのスタッフが「ボールと見せかけて『饅頭《マントウ》にかぶりつく』というサプライズをやったらどうか」という演出の提案を出した。台湾の番組や企画に入る時に、私は基本的に反対しない。自分で作る番組であれば自分でコントロールするが、台湾サイドの制作の中に飛び込む時は、「まな板の上の鯉」。駒の一つとして動くのみである。自分が投げる硬式のボールが、マウンドからホームベースまで届くのか。開催日の一週間前、台北饒河街《ラオハージエ》夜市の「ストラックアウト」で投げ込んでみた。投げてみて違和感はなかった。実際のマウンドではないが、ボールを投げる感覚は摑んでいた。

始球式前夜、台湾スポーツチャンネルの緯来《ウェイライ》体育チャンネルから電話取材が入った。「明日の始球式に向けての抱負を聞かせて欲しい」というものだった。様々なことを答えたが、夜の「スポーツニュース」で使われたのは「夜市で練習しすぎて肩が筋肉痛になっている」という部分だった。当日は午後1時に台南球場入り。球団スタッフから背番号「8」が入った統一ライオンズのユニフォームが渡された。台湾プロ野球では試合前の選手に対し、弁当とスタッフ自らが作るスープが出され、私もベンチでお手製の鶏スープを食した。ブルペンで、高志綱捕手相手に投球練習。本物のブルペンで初めてボールを投げた感触として、距離よりもコントロールに問題を感じた。相手も立ってのキャッチボールだと思い切り胸をめがけて投げられる。しかし、キャッチャーが座り、マウンドに立つと、的が小さくなったような気がして、途端にコントロールがつかなくなってしまうのだ。マウンドの傾斜は、画面で見るよりも高い。「踏み込む左足が階段の1段下がったところにある」感覚、高いところから低いところに投げ下ろす感じで、踏み出す左足もガクリと下がるため、バランスが摑めない。コントロールを摑めないまま投球練習をしていると、打者の高国慶選手が打席に入った。打者に対し初めて相対する感覚だったが、投げ下ろす分、自分の投げるボールですら不思議と威力を感じる。チームの主軸打者・高国慶選手は、打席で球筋を見るだけで、勝負をしたわけでもスイングをしたわけでもなかったが、マウンドからの距離が高さによって意外に近く感じた。選手には申し訳ないが、上から投げ下ろす感じを体感することで、コントロールはつかないながらも「ひょっとしたらストライクさえ入れば勝負して抑えられるのではないか」という錯覚すら覚えた。

開会セレモニーが始まり、マウンドに向かった。投げると見せかけ胡麻饅頭を食べるというリーグスタッフが発案した企画も無事終え、「本番の」始球式だ。饅頭が口に詰まり飲み込めないという、自分の中でのハプニングがありながらも、飲み込むまで待たせるわけにもいかないので、口の中に含んだまま投球動作に入った。マウンド上では「ストライクを取りにいったところで、マウンドの高さに慣れておらずコントロールはつかない。逆に球をたたき付けてバウンドする可能性すらある。バウンドするくらいなら、高めに抜けた方がマシだ。ストライクを狙うよりも、とにかく腕を振って高めのボールを投げよう」ということだけを考えていた。

思い切り腕を振った。マウンドの高さの分、フォームはバランスを崩し、リリースポイントが早くなった。早くなった分、ボールが抜けた。抜けたボールはバックネットに当たるほどのところまで飛んでいった。あきれた表情をする高国慶選手と、バックネットまでボールを取りにいく高志綱捕手。高国慶選手は私のボールを本気で打とうとしていたようで、申し訳ない気持ちにもなった。それでも、たたき付けることは回避でき、勢いのあるボールも投げられた。

翌朝、『蘋果時報《ピングオジーパオ》』、『自由時報《ズーヨウスーパオ》』の朝刊2紙のスポーツ面は「大暴投」の記事。緯来体育台の中継映像を見ると、ボールは抜けすぎていて、画面にも収まっていなかった。

3 中華圏のテレビ文化（中国大陸、台湾）

茶の間に欠かせないテレビ

中国では、「テレビ」というものが茶の間には欠かせず、中国文化を紹介する解説書には、春節（旧正月）の過ごし方として「実家に帰り、家族で食事を囲み、テレビを見る」というスタイルが記述されている。「テレビを見る」という行為は、暮らしの中の当たり前の行為として規定されている。中国政府は「テレビニュース」を使い、共産党等からの重要事項を伝達するなど、「国民がテレビを見ている」という前提のもとに情報伝達が成立。一方で、日本は国民が「テレビを見ている」という前提のもとには立っておらず、国としても「テレビを見ること」を奨励しているわけではない。

日本メディア業界は、送り手（制作者、パーソナリティ）を生産者、受け手（視聴者、リスナー）を消費者という構造にすると、消費者のニーズに生産者が応えきれていないという「ミスマッチ」が生じている。

面白さの質や価値観は時代とともに変遷するが、根本には、その時代「シンプルで基本的な笑いの取り方」が存在していた。現在の「笑い」の作り方、と言えば、「ウラ」の笑い、「すべっている」ことへの「失笑」や暴露話による「嘲笑」などが多い。作品性を追い求めようとすれば、失笑や嘲笑はかつてのフィルターであれば「NG」となるが、それも含めて「笑い」が付けられ、放送されている現状だ。市民権を得ている番組として、笑いに対し点数を付けグランプリなど順位を決める番組があるが、裏を返せば「下位」に位置づけられた笑いも「放送」そのものは成されてしまっている。公共放送は「完成された品」を出す場であるはずで、「完成されていない作品」は出されるべきではない。フィルターが「ゆるく」なってしまい、日本のテレビメディアは、「作品性の追求」よりも「広告のプラットフォーム」としての様態が強まってきた。中国メディアもCCTVなどでスポンサー化は強まるが作品性は保たれており、視聴者が見離す状況にはなっていない。

中国、超豪華ロケ番組

中国・杭州市の浙江テレビのロケ番組が話題を呼んでいる。番組タイトルは『奔跑吧兄弟《ベンパオバションディ》』で、登場人物8人前後がチームに分かれ、制作陣から出された「指令」を、頭脳と体力を使ってクリアしていく。ロケはスタジオ内や街頭に繰り出しても行われる。韓国で日曜夕方に放送され視聴率を10パーセント台後半は叩き出す人気バラエティ番組『ランニングマン』をモチーフにしている。

中国の『奔跑吧兄弟』は、登場タレントの「格」が圧倒する。レギュラー出演者として、アジア圏で圧倒的な人気を誇るアンジェラベイビー氏に加え、中国で歴史的ヒットとなった軍隊ドラマ『士兵突撃』の主役・王宝強氏、『北京青年《ペイジンチンネン》』『北京愛情故事《ペイジンアイチングーシー》』といった中国青春ドラマで主役を張った李晨《リーチェン》氏、台湾出身の欧弟《オーディ》氏など、中国大陸、台湾、香港で絶大な人気を誇る俳優・女優陣を集めている。

出演俳優陣は、映画・ドラマなどで国際的な人気を集めるが、「バラエティ出演」といって手を抜くことはない。日本では、俳優がバラエティ番組に出演する場合、告知がメインで、ゲームに力を入れず手抜きをするが、中国では手は抜かない。テレビの過酷ロケにも「レギュラー」として毎回参加する。「有名俳優がここまでやるの？」というギャップを楽しむが、中国テレビ番組が「垢抜け」し、大衆からバラエティのクオリティとしてもかなりの支持を得ていることが理由だ。権利を保護する日本と違い、中国テレビ番組は、インターネットでの拡散をウェルカムとしている。

浙江省発のテレビは、全中国各地のテレビで視聴することができるのに加え、インターネット動画サイトを通じ、アメリカ、カナダ、イギリスなどの「華人ネットワーク」が見ている。一回の放送の影響力は、日本のテレビと比べても遥かに高い。テレビの出演ギャラも高騰し、「イメージ戦略に合わない」などとは言わず、中国人有名役者は積極的に出演している状況だ。『奔跑吧兄弟』はモチーフ元・韓国ＳＢＳテレビとの共同制作も行う。その際、韓国の役者が勢揃いし「韓国隊《ハングオトゥイ》」として登場。韓国隊の豪華な顔ぶれ見たさに、『奔跑吧兄弟』の動画サイトには韓国からも大量の視聴者が訪れるという。

プライバシー保護意識が日本より低い中国では、「テレビに出たい」と思う一般人が多いため、出演者としての人材には事欠かない。その中で登場人物のキャラクターに頼らなくてよい「ゲーム性」の高い番組が増えている。開始早々、注目を集めた番組が中国大手インターネット動画サイト・優酷《ヨウク》で配信されている『男神女神《ナンシェンニューシェン》』だ。大手水上リゾートなどを舞台に撮影が行われ、かつ日本の「芸能人水泳大会」とコンセプトが酷似している。プールに若手女性タレント数人ずつがチームに分かれて登場し、騎馬戦で競いあったり、叩き合いを繰り広げる。水着を着用していることなどから地上波での放送には至っていない。とはいえ、インターネットでの番組サイトは、国境を越え海外の「華僑」も視聴するため、マーケットは十数億人。中国国内外でかなりの影響力がある。中国では各テレビ局が「公式サイト（官方視頻）」を持ち、インターネットでも番組を放送するという日本とは違ったスタイルも取っているが、テレビで流さない独立系インターネット局も、独自で番組を制作し、しのぎを削っている。また、政権の「親中政策」に呼応するかのように、韓国系タレントの出演が増加。中国テレビ番組全般として、中国国内のみならずソウルやチェジュ島など韓国でのロケも盛んに行う傾向にある。韓国芸能界では、韓国国内市場よりも人口が多い中華圏での活動を重視、地上波でもインターネット系でも盛んに番組出演をこなすため、タレントに「中国語学習」を課す芸能事務所も多い。

表現の性質の違いで、日本人が中国人と出会い、話すとすれば「中国のどちら出身ですか？」くらいが始まりとなる。その後、「上海出身です」、「上海と言えば、バンド（外灘《ワイタン》）が有名ですね」などといった流れになる。聞き手の日本人は、上海についての知識、もしくは、知らないなりに相手に対する質問を準備する。用意されないと会話が展開せず、味気なくなる。学習者が中国語のテキストを完全に覚え込んでも、実践では同様に進まない。会話を成立させるのに重要なのは「話の展開力」だ。展開力とは、相手との話の流れを想定しながら、話を誘導していくこと。展開力が無ければ同国人同士でも会話が弾まず、進まないものだ。中国テレビ局が行うロケ番組で、事前にディレクターから出演者に渡される台本。しかし、内容は簡単な進行表のみで、ロケ進行に伴い、次々と口頭で直される。日本でも台本手直しはあるが、やり過ぎると、「制作陣の準備不足」としてディレクターが責められるため、ほぼ仕上がったものが渡される。中国では出演者のほぼアドリブ勝負で、話の展開力が試される。中国には独特の「表現」「話の展開の仕方」がある。会話パターンのみならず、司会者が料理を見て、食べて、どう展開するか。時に、日本では見ないような不思議な展開もある。

浙江省のグルメロケ番組、豚肉専門のレストランで茹でた豚トロについて、女性司会者が頬張りながら、「この豚肉軟らかくて歯が無いおばあさんでも、噛めます」と絶賛した。笑いを取ろうとしているのではなく、真剣に例えた結果、歯が無いおばあさんが引き合いに出てきた。カットされずオンエアもされている。

また、別の番組での司会者A、Bの会話。

A「このミルクティーは薄味で美味しい！」

B「でも正真正銘の紅茶というものは、甘くて味も濃いものです」

A「やっぱり、この紅茶は甘くなくて飲みやすいですね」

会話内容は、よく聞けば噛み合っていない。それぞれが自分の言いたいことだけを言い合っているが、不自然に聞こえないのは、テンポが良く、雰囲気が出来上がっているからだ。中国のクッキング番組では、司会者が、自分の「味の好み」について露骨に表現するのも日常茶飯事のことだ。

評判の高い四川省の火鍋店でのロケ。偶然、店のコンロが壊れ、客がさばけなかったことでレポーター達は到着後、1時間半待たされる。壊れたコンロの映像、待たされているシーン、司会者が不満を言うシーン、その全てを放送。「なぜ、こんな厨房の壊れた店にわざわざ連れて来たの？」と難癖をつける女司会者に対し、男司会者は「でも味は美味しいよ」と答える。「味は美味しい」ということを強調するために男司会者は「壊れたコンロ」、「1時間半待たされた」ということを述べるが、店にとっては十分にマイナスイメージを発信されている。「アポなし取材」を強調する演出をしたいために、店のマイナス部分もカットしなかったのだろうが、日本の構成ではあまり行われない。

日本でも中国でも、店を紹介する際、少々のハプニング、消費者にとってもマイナス面(「店が早く閉まる」、「客が多く席がなかったので特設席で撮影」「売り切れごめん」のような設定)は作るとしても、店にとっては許容範囲で致命的な打撃を与えることはない。「希少価値」や「店のこだわり」を逆に浮き彫りにする効果すらある。しかし、中国ではマイナス面を作る角度に容赦ない部分を持つ。「壊れた厨房で営業」、「1時間半待たされた」という暴露は、「味の良さ」を出してフォローしたところで、店にとっては大打撃になる可能性がある。

中国軍隊ドラマ

中国ドラマ『士兵突撃《シーピントゥーチー》』は、中国軍隊の訓練の厳しさや軍隊内で生まれる友情を描いた人間ドラマだ。開始当初は無名で西安テレビからのスタートだったが、ストーリー内容が受けブームが巻き起こり、国内の各テレビ局で、何度も再放送されている。

主役は若手俳優・王宝強《ワンパオチャン》氏演じる許三多《シューサントゥオ》。実際の王宝強氏は河北省生まれの農村出身で、抜擢当時は23歳のほぼ無名役者。演技は素朴で「農村育ちの田舎者」を絵に描いたような朴訥さが共感を呼んだ。無名の王宝強氏演じる許三多も「農村出身で入隊する」という設定で、視聴者は「無名若手役者の奮闘」と、「農村出身の兵隊」の姿を重ねた。

軍隊に入隊した若者達が厳しさの中で脱落、離脱し、激しいしごき、試練にも耐え、友情を生み、主役の許三多自身も成長していく。他のキャストに、後に『北京愛情故事』で主役となる陳思誠《チェンスーチェン》氏や、演技派俳優・李晨《リーチェン》氏を起用。女性キャストは殆ど出てこない男社会を描いたストーリーで、農村出身の若者が努力して成長していく姿が幅広い層から支持を得た。王宝強氏が自分自身を鼓舞しながら発する「不拋《プパオチー》弃、不放弃《プファンチー》（決して諦めない）」というセリフは中国での流行語にもなった。『士兵突撃』のヒットでスターの座に躍り出て以来、『人在穷途《レンツァイチョントゥー》（旅路の途中）』などの映画作品に出演。『士兵突撃』でついたイメージと、その外見から「農民」もしくは「農家出身」のような設定の役柄が多い。素直で真面目というイメージも定着しているところから広告市場の信頼も高く、テレビＣＭなどでの露出も多い。中国大陸では、王宝強氏の広告看板や広告写真をよく目にする。

中国の「食」のドキュメンタリー

中国中央テレビ制作の『舌尖上《シャーチエンシャン》的《ダ》中国《チョングオ》（舌の上の中国）』は、中国大陸で認知を得ている食のドキュメンタリー番組だ。「食材」と「調理法の伝統」などにスポットを当てる。出稼ぎに来て早朝から松茸を探し生計を立てる家族の姿や、何百年も前から伝わる麺の製法などについて深く掘り下げる。

『舌尖上的中国』には巨額の制作費が投じられるが、出演タレントの出演料に消えるのではなく、撮影ロケに充当される。クレーンや魚眼レンズなど、映画の手法を足したようなロマンチックで先鋭的な撮影手法も試される。シリーズ1は計7本で、中国大陸のみならず、シンガポールや台湾の公共《コンコン》テレビでも放送された。約50分番組を7本撮るのに70以上の場所でロケが行われ、1年以上の年月が費やされた。

テーマは第1話から第7話まではっきりと確立。第1話は「自然の贈り物」として高原や山、海などで獲れる食材と、自然の恵みに焦点を当てた。第2話は「主食の物語」。広大な中国では北部が小麦、南部が米というふうに、主食の違いによって生み出された食文化の違いに迫った。第4話は「時間がもたらす味わい」。時間をかけることで旨味が増すソーセージやスモークといった保存食について、各地域で時間の費やし方に違いがあることなどを紹介した。第5話は「厨房の秘密」。食の豊かな中国ではシェフに対する尊敬の眼差しも熱い。シェフの持つ技法や、調理法についても深く取材。中国大陸の大学の映像教材になるほどに「本格派」の構成だ。奥に迫った食のストーリーは好評を集め、続編も放送されている。

台湾のスポーツ

オリンピックでは「自国選手のメダル獲得数」が注目される。かつて「スポーツ後進国」とされた中国も、最近の五輪ではメダル数でトップを争う位置にまで上がってきた。台湾は、「中華台北《ジョンホワタイペイ》（チャイニーズタイペイ）」という独立した立場での出場権を持っているが、メダルを争うような競技はほとんどなく、圏内を争う種目として夏のテコンドー、冬のボブスレーなどが挙がる程度だ。野球もかつては圏内にいたが、日本をはじめ「プロ選手」が出場し始めたことで勝ち残りは厳しくなり、種目そのものが五輪種目から消えてしまった。ＷＢＣでは、予選ブロックで日本、韓国、オーストラリアなどの強豪に挟まれ決勝トーナメントへのハードルは高い。国内リーグ・台湾プロ野球（中華職棒）は4チームで、身売りも繰り返されている。台湾では「海外スポーツ」に対しての関心が高く、メジャーリーグや欧州サッカーの状況等、台湾に複数あるスポーツチャンネルで生・録画、豊富に中継されている。

警察官の交通情報レポート

交通情報と言えば、日本では、カードライバー向けにラジオ番組が主流だが、中国の地方局ではテレビ、ラジオともに事細かに交通情報を放送する地域もある。

浙江省の「5頻道《ピンタオ》（チャンネル）」の朝の情報ワイド番組では、「警察官」が交通情報に登場、生中継レポートを行っている。日本では交通情報センターに勤務、もしくは業務委嘱された職員が情報を読むが、中国では警察官自身が担当する。杭州市公安局交警局の警察官は、署内に設置され街を映し出す30以上のカメラモニターを見ながら、画面を順番に指し「杭州市の～地区は渋滞が続いている」「～地区は速度規制がある」「～地区では事故が発生している」と解説を加える。中国警察官は、外見イメージからは想像できないほどに淀みなく、原稿を棒読みしている感じもない。中国では子供の頃から地域活動や学校教育でも歌や弁論が積極的に取り入れられているため、公務員や官僚でも「口才《コウツァイ》（トークの技量）」に優れた人材は多い。警察官とはいえカメラの前でも緊張せず、スムーズに情報を紹介していく人材が揃う。司会者の問いかけに対しても「アドリブ」に近い形で対応する。堅さを崩さず、人情を感じるような口調で程よい空気感のまま進めていく。警官が制服を着て登場し、威厳を保ちながら市の状況を説明することで、市民に対し「警察は常に街を見張っている」という安心感と犯罪抑止へのプレッシャーを与えられるという理由がある。中国警察も、交通情報を「重要な広報活動」と捉えている。「関わる以上は視聴者を引きつけたい」という思惑と工夫も働く。番組には「テレビ映り」が良く、若くて凛々しい男前の警察官が登場する頻度が高い。

中国で増加するコメディドラマ

経済成長や市場の規制緩和に伴い、表現自由化が進む中国テレビ業界では、コメディタッチのものや離婚を描いた作品まで「ドラマ」が多様化してきた。放送された『好男児《ハオナンアール》、情感処《チンカンチュー》理《リー》（素朴な男が人の怒りを鎮めます）』も大ヒット。主演は実力派俳優・張譯《チャンイー》氏で、「謝罪の代理」を行う会社の謝罪担当者を演じる。設定の奇妙さも、中国のテレビ表現では許容される範囲内だ。放送話数は32。その他、50～１００話を超える作品まで中国では軒並みラインナップされる。

日本では、「ドラマのストーリー」に関する要求が厳しい。ペアの男性刑事が活躍する設定で高視聴率をマークし終了した刑事ドラマも「終わり方がおかしい」という苦情殺到がニュースにあがった。日本では「矛盾を生んではならない」というプレッシャーが強く、たびたび矛盾を回避するための「内通者」が設定される。一方で、中国では、多少の矛盾が発生しようともその場を満たすように、ドラマが制作される。好評価で視聴率が取れれば「シーズン～」として、話数を伸ばしていく。

日本は、刑事ドラマが非常に多い。設定で警察内部に「内通者」が潜んでいることがあり、中国人からすれば「あり得ない」展開にうつるそうだ。

実力派一般人が競う歌謡番組

芸能マネジメントが日本ほどに確立していない中華圏では、芸能事務所に所属していなくても「実力」で、名声を勝ち取れるチャンスがある。日本は大手芸能マネジメントが割拠している関係で、事務所に所属していない状態でテレビ等のメディアに露出していくケースは稀。しかし、中国大陸など中華圏では、オーディション番組に出て、歌唱力やダンスなどの「実力」

で審査員や視聴者を圧倒すれば、芸能界の人気階段を勝ち上がるチャンスがある。

　中国で一般人の登竜門となっている歌謡番組の一つが浙江テレビの『中国好声音《ジョングオハオシェンイン》』だ。『超級女声《チャオチーニューシェン》』『快楽女声《クワイラーニューシェン》』（湖南テレビ）が圧倒的な人気を占めていたが、各局しのぎを削り、浙江テレビが頭角を現した。『中国好声音』には中国大陸、台湾から、歌に自信のある若い男女が参加。歌唱力を披露するだけでなく、講師である著名歌手からお題曲を与えられ練習し、「デュエット形式」での対戦もする。オーディション形式ではあるが、対戦相手同士がデュエットしながら勝負を決め合うところに迫力がある。審査員は、那英《ナーイン》氏（遼寧省出身）や庾《ユー》澄慶《チェンチン》氏（台湾出身）ら中華圏全体で活躍する歌手が務める。台湾人歌手が審査員を務めることで、番組に本物感を演出する。中国大陸で放送される番組には無関心でも「この番組だけは見る」とインターネット経由でダウンロードし視聴する台湾人も多い。また、中国大陸で放送される番組名を出しても「知らない」と首を傾げる台湾人が、『中国好声音』の名前を出すと笑みがこぼれることもある。

　中華圏では「オーディション番組」が実力派を発掘するための一つのツールになっている。欧米ではスーザン・ボイル氏が一例で、一般人参加歌唱番組に出場し、番組映像が動画共有サイトに散布されることで人気が出た。「台湾のスーザン・ボイル」と言われた歌手・林育羣《リンユーチュン》氏も、その一人だ。ただし、タレントがテレビ局によって直接発掘されるシステムには欠点もあり、テレビ局プロデューサーを名乗る者が「『中国好声音』に出演させることができるが、色々な準備がいる」などと金を騙しとる詐欺も横行しているという。

中国の給料相場が分かる「求職番組」

中国都市部では、１０００元（約１万６０００円）～２０００元（約３万２０００円）が大卒初任給で、サラリーマンの平均月収は２０００元（約３万２０００円）～４０００元（約６万４０００円）の幅とされる。しかし、この基準値からすると、街のショップで売られている「本物」のアイフォンは５５００元（約８万８０００円）、人気スポーツショップのグッズはおしなべて高額にも見える。都市部の月給の数値は、ゼロやゼロに近い値を含めた数値も含み現実を反映しきれず、「平均値」が実際の感覚にそぐわないことがある。中国の現実の給料基準を知りたい時に参考になるのは「求職節目《チョウジージエムー》」と呼ばれるジャンルの番組だ。テレビなので若干の割り増しや差し引きはあろうが、実感と乖離しすぎては視聴者がついてこないため、現実をある程度反映していると言える。

『非你莫属《フェイニーモーシュ》』（天津テレビ）、『職来職往《ジーライジーワン》』（中国教育チャンネル）などが代表的な求職番組で、お見合い番組ほどに作品数はないものの、一定の人気を集めている。職を求める学生や社会人経験のある若者が登場し、自らのキャリアやスキル、資格を披露。食品業界、メディア業界、ＩＴ業界などの経営者12人が若者を審査。「なぜ、これまで採用されなかったと思うか？」「人間関係はうまく作れるのか？」といった問答をしながら「この若者は採用できない」と思ったら、手元にあるランプを消していく。第３次アピールまで終了した時点でランプが光っている経営者がいた場合、今度は求職する若者に会社を選ぶ権利が与えられる。希望する給料やポストなどを提示、経営者が条件に応じられるかを見ながら、若者が入社するかを判断する。経営者が複数残り、優秀な人材から「選ばれる」シーンも番組の醍醐味だ。日本人は一般的に「給料や報酬など、お金の話をしない」というのが会話上での原則とされるが、中国で金銭の話は当たり前。初対面でも「月収はいくら？」と聞いてくる。番組での初任給としての提示額は６０００元（約９万６００００円）～７０００元（約11万２００００円）が相場。会社側が初めに条件提示する金額は４５００元（約７万２０００円）～５５００元（約８万８０００円）が相場となる。良い人材が登場して競合した場合、会社側が提示額を吊り上げる。経営者から若者に対して「考えが甘い」「いまどき海外に留学したからといって何の役にも立たない」といった辛辣な意見も飛ぶ。負けない若者も「御社は好きだったが、今日、あなた（社長）に会ってガッカリした」と言い返す白熱した場面も見られる。

父子バラエティに潮流

中国では「子供」が出演する番組も人気が高い。中国の紅白歌合戦こと『春晩聯会《チュンワンリエンホイ》』でも、定番として子供の歌謡やダンスが披露される。日本では「子役」など、職業としている子供の出演はあるものの、保護の見地から一般の子供がテレビに出ることは少なく、中国とは対照的だ。杭州にある浙江テレビで放送されている『爸爸《パパ》回来了《ホイライラ》（お父さん、お帰り）』は、「子育てバラエティ・ロケ番組」というジャンルだ。有名男性歌手、俳優、スポーツ選手と、当人達の2歳から5歳前後の実の子供達が登場する。ペアで数組が登場、各組に各部屋の数カ所にカメラが備え付けられた住居を与えられ、各父子の様子を撮影。のちに一つの番組に編集され同時進行のようにして放送される。それぞれ「母親が用事で出かける」という設定で、父親が2泊3日の子育てに励む。料理を作り、遊ばせ、風呂に入れ、就寝させる。母親がいないことで泣き出す子供、風呂で耳に水が入り号泣する子供、言うことを聞かない子供、四苦八苦しながら奮闘する父親。翌日は朝食を作り、弁当を持って、小旅行に出かける。3日目の朝、母親が戻ってくると、子供は泣き出し、母親も泣き出す。一方で、帰宅した母親に「この人、誰？」というリアクションを見せる子供もいるなど、子供達の表情も見所の一つだ。

中国にはこの手の番組が激増している。『爸爸《パパ》去哪儿《チュイナール》（お父さんどこに行ったの）』と題した湖南テレビの番組も大陸中で大ブレイクした。長年にわたった一人っ子政策の影響で「数が少ない子供」に対して過大な愛情が注がれ、注がれる愛情に共感を持つ人が少なくない。中国でも、父親育児参加の潮流が来ており、興味が持たれていることが、父子のドタバタ劇受容の背景だ。離婚率上昇で「男性が一人で子供を育てる」というパターン増加なども挙げられる。

日本では「有名人の親子が一緒に画面に登場する」ことは少ないが、五輪でメダルを獲得した元体操選手・李小鵬《リーシャオポン》氏とその子供、台湾人気アイドルユニット飛輪海《フェイルンハイ》の歌手・呉尊《ウーズン》氏とその子供など、中国では著名人が抵抗も無く、子供の顔も名前も登場させている。

『小爸爸《シャオバーバ》（小さいお父さん）』は、中国の複数のテレビ局で放送されたドラマだ。アメリカ帰りで北京に住む車の修理工に、知らない間にアメリカで出生していた男児がおり、男児が北京にいきなりやってくることで起きるドタバタ劇を描いた作品だ。一見「楽しいコメディ」のようだが、設定や内容が、中国大陸では描かれにくかった程の自由奔放さを持つ。

「主人公の車の修理工のもとに7歳の男児が現れる」というところからスタートする。男児は「いまアメリカから着いたところで、あなたが父親だ」と言う。主人公は「こんな子供は知らない」と言うが、7年前を振り返ってみると蘇る記憶がある。留学先で知り合った台湾籍の女性。道徳的に問題のありそうな設定だが、中国国家のチェック機関を通過した。「台湾籍」の女性を登場させ、「同じ『国家』の人間関係」と描くところは、制作側のポイント稼ぎとも解釈できる。中国大陸のドラマでも台湾出身の役者をあえてキャスティングする傾向もある。

中国と日本のドラマでは、「引っ掛かるところ」が違う。『小爸爸』では、中国の国産ブランドで、ドラマのスポンサーにもなっている「燕京《エンチン》ビール（北京のビールブランド）」を出演者が飲み、車を運転するシーンや、父親が子供にビールを飲ませる場面すらある。日本では、こういうシーンは入れ込むのは映画くらいで、テレビでは不可能だ。一方、国家関係各所に追従するようなセリフは比較的多い。登場人物が思いを打ち明ける際「国家に誓っても、毛（沢東）主席に誓っても」というような表現を入れてくる。実際の中国の若者は、そのようなことを言わないそうだ。

中国経済成長の影響で、台湾では垃圾芸人が増加？

中国では、歌番組と言っても「のど自慢」のような素人が出演するスタイルではなく、プロが本気で歌い勝ち負けを競い、デュエットで魅了するような歌謡番組も定番となっている。江蘇テレビの『全能星戦《チュエンノンシンザン》』などが一例だが、国営の中国中央テレビにすらその類いの番組がある。

中国大陸の歌謡番組で、不可欠な存在といえるのが「台湾人歌手」だ。中国は台湾を「文化・芸能のレベルが高い」地域として、台湾芸能人を尊重、重用し、大陸の表現者や番組制作者は、台湾で制作された作品から学ぶ。中台交流が盛んになり、制作者をアドバイザーとして招聘し、台湾芸能人をゲストとして招く傾向も出てきた。『全能星戦』でも、台湾の歌手・張韶涵《チャンシャオハン》氏が北京伝統の京劇を華麗に歌うというシーンが放送。その影響下、人材の「空洞化」が深刻になる台湾で、あるメディア関係者は「垃圾《ラージー》（ゴミ）芸人《イーレン》だけが台湾に残り、真正《ジェンジェン》（本物の）芸人《イーレン》が大陸に渡る……」とため息を漏らした。

中国語で「芸人《イーレン》」とは「芸能人一般」を指す。「どうでもいいタレントだけが台湾に残り、有能なタレントは高額のギャラに引っ張られ大陸に行ってしまう」という意味だ。経済成長を遂げた中国大陸、スポンサーが経済的体力を蓄え、ギャラは高騰。台湾を代表する歌手や司会者は挙《こぞ》って大陸に進出、台湾の番組は「空洞化」が起きている。そして、空洞に流れ込んだのが、現地の若手芸能人やモデル、留学生や現地で生活を営む一般外国人だ。「外国人」というだけで出演できる台湾テレビマーケット。彼ら彼女らはメディアや放送業界での素養や根気がないため、長くは続かない。一方、台湾現地の若手芸能人も「なんとなく」入ってきて、場をにぎやかし消えていく。台湾テレビ視聴者は、そういった穴埋めのタレントを「垃圾芸人」と嘲笑する。中国の経済成長は、思わぬところにも影響を与えている。

日本と中華圏では、「アイドル」に対して持つイメージも若干違う。日本の男性アイドル像に共通するのはジャニーズなどに見られる「男らしさ」よりも「かわいらしさ」「親しみやすさ」、そして、「中性的」な面だ。一方、女性タレントは、「女らしさ」よりも「快活さ」「活発さ」「透明感」を強調、それは「少年っぽさ」「中性的」とも言える部分だ。スポーツ界でも、老若男女に人気を集める「アイドル」は共通してそういう像を持っている。ゴルフ・石川遼選手や、スケートの羽生結弦選手は、女性的ともいえる端正な顔立ちをしている。「男か女か分からない（男か女かはあまり関係ない）」といった「性」を超越した存在こそが日本に求められるアイドル像である。男性にしても女性にしても「あっさりとした顔」がアイドルの条件とも言える。

一方、中華圏では、アイドル（明星《ミンシン》）にはっきりとした「男らしさ」「女らしさ」を求める傾向がある。男性は長身で「かっこ良さ」、女性は「身体的特長」などを強調してくる。中国語で「色気がある」という意味の「性感《シンガン》」は、男女アイドルともに求められる。台湾で大ヒットした女性アイドル・郭書瑤《クオシューヤオ》氏は、女性としての持ち味を存分に発揮、中国大陸にも活動の場を広げる。男性も「強さ」「男前度」が重要なアピールとされ、何潤東《ハールンドン》氏や黄曉明《ホワンシャオミン》氏など男性「明星」は、筋肉を露出するようなシャツを着て男らしさをアピールする。

身体的特徴をネタにする少年

湖南テレビ『快楽大本営』に、ウイグル自治区在住の9歳の少年が出演し、中国で大きな注目と人気を集めた。幼年肥満体の「蘇来提《スライティ》」という名の少年は、「ダンスに自信がある子供」ということで登場。洋楽の速いスピードの音楽に合わせ、腹の贅肉をゆすりながら、リズム感溢れるダンスを披露した。「いつからダンスを習い始めたのか？」という司会者・何炅《ハーチョン》氏の質問に対し、「3歳か4歳の時、ダンス音楽にインスピレーションを感じた」と大人顔負けの言葉で笑わせた後、「習い始めたのは2年前」と答えた。「2年であれだけうまくなるの？」と司会者も会場も驚きを見せるも、司会者は「腹の贅肉が揺すられている」「踊っているのになぜ痩せないのか？」「ダンスはダイエットにはならないのか」などと矢継ぎ早に肥満を嘲笑するような質問を仕向ける。

しかし、蘇来提君も、「『食べて踊る、踊って食べる、食べて寝る』の繰り返しだから全然痩せない」と、笑いを誘導するように答える。日本では、肥えた子供タレントをいじった文化があったが、最近では「子供の身体的不健康をネタにすべきではない」という風潮が出ている。しかし、中国では、一般参加の子供が大人のタレントのように堂々と振る舞い、セールスポイントとして売り込んでいく場合もある。『快楽大本営』は5人の司会者のうちの1人が太った男性タレント・杜海涛《トゥーハイタオ》氏で、毎回のように肥満ぶりをネタにされている。

台湾人出演者に求められる言葉のタブーとは？

尖閣諸島問題で、日本人の中国テレビ番組出演は厳しくなった。しかし、中台の関係性は、台湾与党が国民党か民進党かによって変わる。台湾と中国大陸の交流は加速傾向で、「台湾人の大陸テレビ番組への出演」も事前申請が簡略化している。国が管理する中国中央テレビでは、台湾人タレントは出演すらできなかった時期もあったが、歌謡番組などで台湾人タレントが司会を務めるケースも出てきた。

大陸の番組に出演した台湾人タレントが「裏切り者」扱いされた時代もあったそうだが、大陸の経済成長もあり、次々と台湾人タレントが進出している。台湾人をゲストに迎えた場合、中国人司会者は「台湾も国内にある」「同じ国の中にあってなかなか会う機会が少ない」と、台湾人ゲストに対して「同じ国の中にある」ということを強調する。台湾人ゲストもその言葉を否定することなく、相槌を打っている。

「言葉遣い」の面では、大陸側ディレクターから台湾人に対しての事前要求があるという。それは「中国台湾」「中国大陸」という単語を発しないということだ。「中国台湾」は問題なささそうに思えるが、台湾人が言ってしまうと「言わされている感がまるだし」だそうだ。「中国大陸」も同様で、「中国」といちいちつけるな、ということである。万が一、つけてしまった場合は、ＮＧとなって撮り直しになる。中国で、生放送の番組はニュースとスポーツ中継以外、ほとんどない。台湾人が口語的に使う「台湾」「大陸」なら使用して問題ないとのことだ。

台湾番組に台湾人が出演し「中国大陸」について触れる場合、「大陸《ダールー》」と呼んでいたが、局によって「中国《チョングオ》」「中国大陸《チョングオダールー》」と呼ぶように改められた。仮に呼ばなくても、字幕で「中国」という語句が補足される。中国大陸、台湾の歩み寄りは、言葉遣いでも「折衷点」が双方テレビ局で生まれている。

4 中華圏の生活文化

中国人のシェア（分享）の精神

中国人には「分け合う（シェア）」という考え方が根付いている。分け合うというのは中国語で「分享《フェンシャン》」と言うが、中国人は、たばこ、部屋、食事、空間などを他人とシェアしようとする。物を安く買うためによく使うのが「団購《トゥアンゴウ》」という方法で、仕事仲間や近所で集って団体購入割引をしてもらい、一人当たりを安くつかせる。日本でも一部ネット購入で団体割引があるが、「安く浮かせるために他人に声をかけたりしない」という考え方から、他人を巻き込んでの団体割引システムはあまり使わない。

日本人は土産品を大量に購入することは少なく、海外の空港で超過料金を課せられるケースは殆ど見られない。そういうケースでも不要な物を空港内で捨てるか、機内へ持ち込めるものは無理しても持って入るなど、個人で何とか処理しようとする。しかし、中国人は「他人と荷物重量を分け合えないか」という発想で、荷物が少なそうな同便の客を見つけ「あなたが預けた荷物ということにしてもらえないか、そうすれば超過料金を課せられずに済む」と声を掛ける。日本では「他人の荷物をなぜ自分が」と拒否感を持つが、中国人は「困った時はお互い様」という考えもあるため、申し出を受ける傾向にある。ただし、善意を悪利用され「麻薬密売品を持ち込んだ」と一般市民がワナにはめられ逮捕されてしまうケースもある。

中国人に挨拶代わりに「たばこを吸うか？」と聞かれることもある。日本では料金が上がり「人に分け与えるほど安くはない」程の高価になったが、中国では人に与えたり与えられたりしながら会話が図られる。ルームシェアの概念も「分享」精神に由来する。日本では「他人と同居してもトラブルが起きる」というマイナス面をイメージしがちだが、中国では「一人当たりの家賃が安くつき、にぎやかで楽しい」と、プラス思考だ。個々の空間を明確に保持したい日本人は、他人が私的空間に入り込むと「プライベートが侵害された」と嫌悪するが、中国人は個々の隔離をあまりしないため、大して気にしない。

中国人が嫌う日本人のクジラ飲食文化

「日本人が中国に行くと、尖閣問題で問いつめられるのかもしれない」と懸念を持った時期もあったが、現地では、そのような空気は殆どなかった。後部に「釣魚島《ティヤオユータオ》を守れ」といったステッカーを貼る車もあるが、日本人を見つけて殴り掛かるわけでもない。本来、質問するべきだとは思わないが、こちらから中国人テレビ局スタッフに「釣魚島問題についてはどう考えているのか」と聞いてみると、「政治上の問題で私達個人の問題ではない」と冷静だ。しかし、中国人は日本人に対して、許せないことがあるそうだ。それは「日本人のイルカを食べる」文化についてだ。

北京で、ある中国人スタッフが日本人の私に対して、「日本人は海豚《イルカ》を食べるのか？」と聞いてきた。「食べないよ」と答えると、横からもう1人の中国人が「イルカではなくクジラだろ」と挿入してきた。どちらも哺乳類動物で、イルカとクジラの区別がついていない中国人も多い。そして、たしかに、日本には、以前、クジラを食べる文化があった。私が「昔は給食にも出てきたが、今はもう食べない」と答えても、2人の中国人は「やっぱり食べたことがあるのか。かわいそう！」と、苦い顔をした。私自身、好んで食した記憶は無く、現在、日本の一般市場にクジラの肉は、ほとんど出回っていない。

中国で、「日本人がクジラを食べる」という食文化が論議されている背景として、中国の新聞やテレビで、反捕鯨団体の日本の捕鯨団体に対する活動を連日報じているためだ。一連の報道が中国人の「日本人は日頃からクジラを食べる」という考えに繋がっている。前述の中国人スタッフは、私に「クジラの肉は美味しいの？」と、おそるおそる聞いてきた。

北京の大気汚染

ある秋の北京市は一面が真っ白だった。ＰＭ２・５の濃度が1平方メートルあたり４２６マイクログラムを記録。朝晩は5度近くまで冷え込む晩秋の北京。冷え込みとともに霞む景色なら「霧」のようでもあるが、日中は15度近くまで上がったにもかかわらず昼間でも真っ白なのには、違和感を覚える。街を歩く欧米系の外国人、オートバイに乗る女性以外は、マスクをしていない。日本の新聞メディアで報じられる「マスクをして歩く人達」の写真は、排気ガスが多い道路などを記者があえて選び写したものと推測される。北京在住の中国人女性は「人も車も多い街だから、しょうがない。以前はマスクをしていたが、面倒臭くてやめた」と話す。北京テレビで、マスクをしていたのは子育て中の立場で環境問題に敏感な主婦スタッフ１人だけだった。

街中は、野焼きをしたあとの草原や、可燃物を燃やした後のような臭いがする。深く吸いたくないが、元来、北京の空気はホコリっぽい。ＰＭ２・５の数値が叫ばれる以前から「空気は本来、キレイなものだ」という感覚が少ない。中国大陸では「喫煙文化」が根付いており、受動喫煙も習慣化している。肺や呼吸器を保護する概念が日本に比べ薄く、大気が白くなっても、日本ほど厳粛には受け止めない。とはいえ、仕事中、あちこちで咳をする中国人の姿がある。

汚染された大気に「慣れていない」日本人ならば、北京で外出すると頭痛を覚えることもあるという。

翌朝は、空気に白みが無く、澄んでいた。激変ぶりを北京テレビの放送関係者に聞くと「風の影響だろう」と言う。北京は、時折、何事もなかったかのように視界もはっきり見える日もある。ＰＭ２・５は1平方メートルあたり「25〜46」で推移。物が焦げたような臭いも消えた。偏西風に乗り、中国東北部から襲ってくるとされるＰＭ２・５の粒子。北京在住中国人の多くは「車が多い」などの人工的要素は認めつつも、「自然の仕業で、太刀打ちできない」と考えているようだ。

役者の卵が集まる「中央戯劇学院」

「中央戯劇学院《ジョンヤンシーチュイシュエユエン》」は、北京の古い生活圏・胡同が集まる南鑼鼓巷《ナンルオグーシャン》エリアにある。中国では「学院」という名のついた大学も多く、国立大学の中央戯劇学院は、１９４９年中華人民共和国成立の翌年の、１９５０年に設立された。卒業生には、映画監督や俳優、女優等が名を連ね、映画やドラマの世界を夢見る若者が全国から集まる。ハリウッドでも活躍する女優・章子怡《チャンツーイー》氏、中華圏で実力派として人気を集める孫紅雷《スンホンレイ》氏、陳思誠《チェンスーチェン》氏、文章《ウェンチャン》氏らも卒業生だ。国立大学として俳優養成校が存在するあたりで「俳優」の職業的地位の高さが見てとれる。少数精鋭で学生数は少ない。校舎内に入ると、「舞踏室」で学生がダンスレッスンを行っており、教室から歌声が漏れてくる。発声練習や発音、踊り、歌など、芸能界で活躍するに必須な要素が授業に盛り込まれる。日本では、俳優を志し、芸能界に入るのに、どのような道筋をたどれば良いのか、不透明な部分が多い。中国では北京以外の各地に「戯劇学院」があり、入学し真面目に勉強すれば役者への道が開ける。努力すれば叶う可能性が高く、学生達のモチベーションも高い。教室や廊下では学生が「油条《ヨウティアオ》（油揚げパン）」を食べる姿もある。費用を抑えながら生活する中国学生の姿が垣間見える。女子学生は揃って長身で、一目で映えるオーラを放つ。外国からも語学留学生を受け入れ演劇関連の専門的学校のため、「発音」「声調」などについてはしっかりとした指導がある。

中国で人気のカラオケアプリ

日本ではＬＩＮＥを中心としたスマホアプリが盛んだが、中国でＬＩＮＥの機能を果たしているのは微信《ウェイシン》だ。「友達になりたい人」を身の回りから検索する機能など、出会い機能に関してＬＩＮＥよりも進んでいるとされ、中国全土や海外在住中国人が活用している。さらに、微信と並んで中国で大人気となっているスマホアプリが「唱吧《チャンバ》（歌いましょう）」だ。唱吧は、スマートフォンから音楽が流れ、歌詞を同時に表示。音楽に合わせて歌うと、声がスマートフォンに録音され、録音が終わると、曲と声が自動的にミックスされる。動画収録も可能。収録された音声・動画は、微信に添付して友人や一般に対して公開でき、ランキングシステムの中で競うこともできる。

中国人の「歌好き」は、日本人の程度よりも高いとされる。街中の公園では「青空教室」として歌謡部門なども設置され、高齢者同士が歌いあっている姿も見られる。「アイドル」「演歌」などに分化せず、老若男女幅広く楽しめる歌がコンスタントに発売され、カラオケ文化を絶やさない。カラオケは、スペースや音楽を流す機能、声を拾う機能など「条件」が必要とされたが、唱吧の登場で、問題が一挙に解消され、「一人で、部屋で、カラオケができ、さらに公開できる」というところまで成し得た。中華圏でヒットした曲をほぼ全て内蔵。一部の洋楽や邦楽、韓国曲も収録している。「歌唱力がある一般人」が歌った「伴唱」機能も選択でき、人が集まって開催するカラオケに備え「歌を練習する」ことも可能だ。

日本にも大手のカラオケ会社が展開するアプリは存在するが、中国ほど流行せず曲数も多くない。理由として「権利」の問題が関わる。元来、一般社会での音楽の使用は「グレーゾーン」のエリア。中国の場合、このケースでの楽曲使用を「個人使用」と捉え、押し切ろうとする。日本の場合は、「グレーゾーンには触れない」という傾向があり、「権利侵害」のケチがつきそうなアプリが大手を振れない。中国でも、音楽会社が「権利侵害」を主張すれば、「アプリが消える可能性」もしくは「課金制での使用」の方向性はあり得ることだ。

日本では、世代で愛好する曲のジャンルが様々で、支持層が分かれ共通して人気を集めるシンガーは少ないが、中国では民謡や歌謡曲で年代問わず、幅広い層から支持を受ける曲が多い。その中で、男女2人のデュオ・鳳凰伝奇《フォンファンチュアンチー》の『最炫民族風《ツウイシュエンミンツゥーフォン》』は、老若男女から爆発的な支持を受けた。軽やかなアップテンポのリズムで、人間愛を自然になぞらえた歌詞内容。「苍茫《ツァンマン》的《ダ》天涯是我《ティエンヤーシーウォ》的《ダ》爱《アイ》、绵绵《ミィエンミィエン》的《ダ》青山脚下花正开《チンシャンジャオシャーホワジェンカイ》、什么《シェンマ》样《ヤン》的《ダ》节奏是最呀最摇摆《ジエツォウシーツイヤツイヤオバイ》、什么《シェンマ》样《ヤン》的《ダ》歌声《カーシェン》才是最开怀《ツァイシーツイカイホワイ》（青々とした空の向こうに私の愛がある。果てしなく続く山の麓に花が咲いている。どんなリズムで身体を動かす？　どんな歌声でエンジョイする？）」という、中国の広い自然に軽やかなリズムでのダンスをイメージさせる歌い出しだ。大陸中で様々な踊りのダンスアレンジが創作され、学校や幼稚園では生徒や園児が踊る。湖畔や公園では「高齢者向け青空ダンス教室」の曲の題材としても使われた。

中国人の民族意識を高揚させるような歌詞も含まれる。日本では「国」「民族」などのテーマが歌詞に盛り込まれた歌は殆ど見られないが、中国では、リズムの受けがいいと「ヒット曲」になることもある。李春波《リーチュンポ》氏の「呼儿嘿哟《フーアルヘイヨー》」は歌詞で「毛主席教导我们说《マオチューシーチャオダオウォーメンシュオ》、知识青年《チーシーチンネン》到农村去《タオノンツンチュイ》、毛主席还教导我们说《マオチューシーハイチャオタオウォーメンシュオ》、接受贫下中农的再教育《ジエショウピンシャージョンノンダツァイチャオユー》」と歌い出す。意味は「毛（沢東）主席は私達に指導してくださった。知識層の青年は農村へ行って、貧しい農家の人々を教育しなさい」と教育色を前面に出すが、リズミカルな旋律に乗り、中国全土で大ヒットした。若年層も「歌詞に政治色、教育色がある」といって毛嫌いすることも少ない。むしろ、様々な年代が一緒になって楽しむこのような曲はかなり多い。『最炫民族風』は、カラオケでも雰囲気作りの効果がある。盛り上がるのはサビの部分で、「你是我 天 边最美的云彩《ニーシーウォティエンベンツイメイダユンツァイ》、让我用心把《ランウォヨンシンバ》你留下来《ニリュウシャアライ》」と歌ったあとに、「留下来《リュウシャアライ》！」と合いの手を入れる。

「パクリ」疑惑の裏側

中国では、春節（旧正月）を迎える頃、国内外ともに大賑わいを見せ、激しく「人の移動」が行われる。春節の連休期間は、多くの企業で、1週間の大型連休となり、組織によってはそれ以上の日数を「休日」とするところもある。日本では、大型連休でも故郷や実家に「帰らない」傾向が見られるが、中国では、「故郷」で家族とともに春節を過ごすのが一般的だ。

春節における人の移動を「春運《チュンユン》」と呼び、日本の帰省ラッシュとは比べ物にならないくらいに過酷。日本では、国内遠隔地である場合「飛行機＋車（バス）」などを想定するが、それは1県に、ほぼ一つ以上の「空港」が存在するから可能なこと。東西南北に新幹線も開通しているため、国内中距離移動でも新幹線の乗車により、数時間での帰着の計算が立つ。中国の場合、国内便での帰省も見られるようになったが、「長距離バス」「長距離列車」での移動が主流。「料金を切り詰めて安く帰りたい」という経済事情のみならず、交通網の利便性もある。中国は各地点に空港があるわけではなく、最寄りの空港に着いたとしても、そこから、バスを乗り継ぐなど、空港からバスへの接続は、利便性が高くない。はじめから、時間はかかっても比較的張り巡らされた路線網を持つ列車を使った方が距離的に近づく。「バス＋長距離列車（乗り換え）＋長距離バス」などで合計20時間を超える道程になることもある。大型連休が7日間あるといっても、移動に丸2日かかることも見込まれるため、休日は正味5日前後となる。

中国中央テレビの全国ニュースでは、春節に合わせ、連日「春運」の特集が組まれる。北京駅や武漢駅の溢れる移動乗客の様子を放送。ある若者はインタビューに答え「故郷に帰るが、独り身なので、親や親戚から『結婚はまだか?』と急かされ憂鬱」と答えるなど、中国での「結婚」に対する捉え方が浮き彫りになっている。

毎年、旧暦の元旦・前日の除夕《チューシー》（大晦日）に中国中央テレビで午後8時から放送されるのが、大型歌番組『春晩聯会《チュンワンリエンホイ》』だ。歌番組と言っても、歌、踊り、コントなどで構成される。

「紅組が勝った、白組が勝った」みたいなこともなければ、日本では「それ必要?」と、毎回やり玉に上がる応援合戦もない。司会は中国中央テレビのアナウンサーが行い、純粋に中華圏の実力派有名歌手が登場して熱唱する。

CCTVのアナウンサーは、大学時代から授業で鍛錬していることもあり、歌唱力も高い。毎回、番組のオープニングでは、20人近いアナウンサーが1人か2人のペアで、歌いながら登場してくる。本格派の司会に、実力派の歌謡……幅広い世代が毎年視聴し、支持も厚い。

日本メディアが、『春晩聯会』で、番組内のコントが日本のお笑いコンビのネタを模倣していると報じた。コントは、男性が、古着の買い付けに自宅を訪ねて来た店員を、娘との結婚の申し込みに来た男性だと勘違いし、誤解が膨らみ笑いに変わるという内容。模倣疑惑について、出演芸能人は「知らない」と答えている。たびたび、『春晩聯会』放送のコントが、日本の芸人のネタに似ていると声が挙がる。この件では、中国版ツイッター・微博に「また模倣したのか」との投稿も寄せられる一方、「日本人は何かと難癖をつけてくる」「この手のコントはよくある」と擁護する声も挙がった。アメリカのシットコムコメディなどにも「勘違い」が元で生まれる笑いが盛り込まれることが多く、「勘違い」は笑いを作るうえでの古典とも言える。中国で生まれるものが「パクリ」と評されることが多いが、中国人自体は「パクリ」だと意識していない部分も多い。「学ぶことは真似ること」という教えもあり、人のマネをすることで自分が成長する、という考え方を持っている。

中国で多用されるSNSとは？

中国国内でフェイスブックを立ち上げようとすると、画面がフェイスブックに遷移せず停止したままか、「ネット接続状態が悪い」というエラーメッセージが表示されるかだ。中国旅行、あるいは滞在する日本人は、一般的には使用されないネット回線の「ウラ技」を使い旅行滞在中にフェイスブックにアクセスし更新するか、帰国後に公開するという方法を使う。ツイッター、ユーチューブ、ユーストリームなど共有系のサービスも同様で、中国国内では使用できない。携帯アプリのLINEも「作動した」という報告は一部あるものの基本的に使用できないと考えてよい。これは、中国政府により意図的になされている「規制」で、ネットで情報を共有されることにより、反政府に言論がまとまり、多勢が結集することを抑制するためだとされている。

中国では、フェイスブックや、ツイッター、ユーチューブなどとほぼ同機能を持つネットワーキングサービスが、国内制作で存在する。中国版SNSの方が機能に優れている部分もあり、ユーザー数も中国国民の人口に比例して圧倒的に多い。フェイスブックとほぼ同機能を持つのが「人人網《レンレンワン》」。ユーチューブと類似した映像共有サイトでは土豆網《トゥートゥワン》やＰＰＴＶ、ビリビリなど複数ある。日本でも度々話題に挙がる「微博《ウェイボー》」。ツイッターで以前採用されていた芸能人の「本人証明」のポッチ、現在はそのシステムが廃れているが、微博では本人証明は「Ｖ《ブイ》」マークが表示され、有名人への成り済まし偽装が防止される。日本とは人口規模が違うため、人気芸能人になると「数百万人」というフォロワー数を獲得する。本家ツイッターにはない「在籍企業を登録する」項もあり、在籍企業名から人物検索をかけられる。自分と数百メートル以内にいる微信は、所持者が「１００ｍ以内」などと、距離範囲で表示され、相手が受け入れ態勢を取る設定にしていれば「メッセージ」を送ることもできる。見知らぬ人同士が互いの顔を見て、その場で親しくなることも可能だ。海外から流入したネット、スマホの機能だが、中国では消費者目線で更なる利便性を追求する傾向にあるので、ユーザーにとって便利な点もある。

基本的な生活を送るためのコストの違い

日本では受給する年金と生活費支出の不釣り合いから「生きていくだけで相当なコストがかかる」という問題が生まれている。高齢者が社交の場を求める場合、「近所と深く関わりたくない」という流れもあり、入退会が容易で個人の意思が尊重されるスポーツジムや文化センターなどに入会する。しかし、月会費が1万円前後はかかるため、「所属する」という状態だけでも出費がかさむ。一方、中国では「高齢者は家族の誰かが面倒を見る」という道徳観があり、嫁姑の同居も普通で、高齢者が一人で暮らすケースが日本より少ない。日本では田舎に行っても賃貸価格はあまり下がらないが、中国では田舎に行けば家賃もそれなりに下がり、切り詰められる。家族が居なくても、近所で「分かち合う」文化も発達しており、孤独死も日本ほどに深刻ではないという。北京に上京する若者も、他人との同居を厭わず、複数で部屋を借りスペースを共有する「シェアルーム」の概念も定着、家賃も安く上がる。

日本と中国では、割合としての基本的生活にかかる水準の比が違う。日本は、タクシーや、電気代、水道代などライフラインの料金が世界的にも高いとされる。使わなくても、基本料金自体が高いため、生活の知恵で節約しても殆ど意味がない。中国では基本料金も安く、負担は日本よりも軽い。日本でコンビニエンスストアや弁当屋で購入した場合の弁当代が500～600円程はするが、中国では、街の屋台で食した場合、2～3元（30～50円）で済む。多く注文した場合の割安感に加え、人が連帯して購入して安く浮かせることもあり、食費に関してもシビアではない。金に困ったら「近所を訪ねればご飯くらい食べさせてくれる」という感覚だ。

中国では公園の「青空教室」で、太極拳や歌謡などを受講できる。受講といっても参加無料で、教える方も無報酬。近所の「愛好家」が指導者になり、誰でも気軽に参加できる。受講によりスキルが上がるかどうかは別として、高齢者が孤独を感じずに過ごせる場所はある。人間関係がイヤならば隣の公園に行けばよい。日本では場所代、申請、告知など様々な費用がかかり、人と「交流を持とう」とするだけでかなりの基本費用が必要となる。

携帯電話への考え方が日本とは違う中華圏

中国大陸や台湾では、個人携帯の番号が「公開」されていることが多い。固定電話もあるが、不動産の空き物件の壁などには担当者の携帯番号が堂々と記されている。会社組織などから支給された番号のみならず、個人の番号すら出回っている。電話のプライバシーが懸念されるが、根本的に、携帯電話に対する考え方が日本と中華圏では違う。

電話番号が「携帯電話」の中に組み込まれる日本。携帯電話会社に行き、身分証や銀行口座番号、クレジットカード番号等を提示するなど、携帯番号を取得するために複数のハードルがある。一方中華圏では、番号は携帯電話の中のＳＩＭカードに組み込まれる。カードの取り外しは頻繁に行われ、他の携帯端末に入れても使用できる。機種を変えたければ、電話本体のみを買い従来のカードを差し込む。

中国では100元（約1600円）も出せば、新しい番号が入手でき、空の携帯端末を持参すれば、即、使用できる。台湾は身分証持参など大陸よりもいくつかのステップが追加されるが、日本人もパスポートさえ持っていけば番号そのものは入手できる。日本人が中国大陸で携帯電話番号を持ちたければ、街角で番号チップと携帯端末を買うだけの容易い作業だが、逆に、日本で外国人が携帯電話番号を取得するのは難しい。

簡単に番号が入手できるため、「前の人が使っているもの」と誤っての間違い電話が多いが、中華圏では「電話とはそういうもの」と割り切っている。日本では、一つの携帯電話を持てば、長期間使われ、相手にも「同じ番号を使っているはずだ」という認識が生まれる。しかし、中華圏では「数年前の番号だが、もう使われていない可能性がある」という考えを頭の片隅に置きながら電話は使用される。

日本では以前、「電話番号＋電話会社のドメイン」という形のメールアドレスが携帯電話に付帯されショートメールとの併用が成されたが「勧誘メール」「スパムメール」などが増え「任意の英数字組み合わせ＋ドメイン」のように複雑化された。しかし、中華圏では携帯電話にメールアドレスを持たせず、ショートメールだけでやりとりされる。「ショートメール機能だけでは、勧誘メールやいたずらメールが鬱陶しいのでは」という懸念は、中華圏では「携帯番号がイヤになったら、新しい番号を買えばいい」という仕組みによって打ち消される。

中国で、一般市民の情報のやり取り

中国と日本では、「郵便」「メール」などでの情報に対する認識の違いがある。日本では、たとえ「普通郵便」であっても、郵便局の局員が途中で「ハガキや封書の中身を見ている」とは考えない。個人的にやり取りされた「メール」も、プロバイダー会社・内部の人間が文面を読んでいる可能性については誰も考えない。メールアドレスをお互いに取得し送り合ったとして、日本人はメールの内容は送り手・受け手の「当事者同士」しか見ないものだと決めつけているが、「メールサービスを提供している検索サイト運営会社」は閲覧することがシステムとしては可能である。

中国の郵便物は「誰かに読まれる可能性がある」という前提で投函されるという。郵便物検閲は日本でも戦時中にあったが、現在の中国では、仮に読まれていなくても「可能性」としての潜在意識がある。有線電話が主流だった頃の日本では、「電話会社の人に盗聴されているのでは」との仮定は少なかった。電話が携帯化され仮定はイメージしにくいものとなったが、「サービス提供側」が通話内容を把握することは「システム的には」可能なのだ。

中国での通信は、「聞かれているかもしれない」「聞かれていなくても聞かれることもあり得る」という前提でなされる。過激な内容や政府が反応しそうな単語は書かない。「微博」にも私信《スーシン》（ダイレクトメッセージ）機能があるが、「管理者には見られている可能性がある」として、ダイレクトメッセージにも過激なワードは書かない。尖閣諸島問題が深刻化して以降、中国人は日本人とのメールやり取りに敏感になった。メッセージやり取りの中で「日本」というワードは絶対に入れないなど、日本人である私にもその空気は察知できる。微博の会社側が大量のメールから「ワード検索」で「日本」というワードを設定しているのを想定してのこと。中国人側は私に対して「你国《ニーグオ》（あなたの国）」という単語で送ってくるので、私は「我国《ウォグオ》（わたしの国）」と折り返す。個人情報などもメッセージには入れない。中国人同士では、政府が把握できない地方の「方言」を暗号代わりに使うこともあるという。国民の間では「微博と中国国家は繋がっていて一定の情報提供をしている」とも噂されている。我々の何気ないやり取りですら閲覧されているかどうかは不確かだが、常に「見られているかも」「聞かれているかも」という前提でメッセージのやり取りは行われている。

北京に活きる若者の魂を歌うロックシンガー〜汪峰

汪峰《ワンフォン》氏は中国を代表するロックシンガーで、新曲を出す度にヒットチャート上位にランクインする。力強い歌唱力と若者の悲哀や青春、情熱が込められた歌詞に人気の理由がある。若者にとっては少々泥臭くも、筋の通ったロックに魅了される者も多い。楽曲は、中国ドラマの多くの作品で「主題歌」としても使われている。

汪峰氏の代表的な曲が『北京北京《ベイジンベイジン》』だ。ドラマ『北京愛情故事』の主題歌で、地方から北京に出て生活で苦労しながらも夢や未来を掴もうという若者達の姿を描いたドラマ作品に、歌詞も曲調もマッチする。「北京の生活での笑い、苦しみ、祈り。自分は何かを探しながら、大きな何かも失った」と表現されている。

中国ロック歌手界の先駆ともされる崔健《ツイジエン》氏が、中国中央テレビで旧正月の大晦日に放送される大型歌謡番組『春晩聯会』への出演を辞退するという事態が発生した。局側から歌詞修正を求められたが、応じなかったためとされる。全ての中国人歌手が国の大勢に迎合しているわけではない。ロック界では、「生活の悲哀」を描いた歌も多い。歌詞に「具体的な史実」や「露骨な描写」が盛り込まれなければ、規制を受けず発売される。汪峰氏の長年のヒットとなっている『北京北京』は中国大陸の歌謡番組や、一般庶民のカラオケでもよく歌われる。代表曲には『再見青春《ツァイチェンチンチュン》』『怒放的生命《ヌーファンダシェンミン》』などがあり、音楽を通して中国に生きる若者を精神的に鼓舞する。

映画の大ヒットで人気に火がついたリゾート「海南島」

中国南部の島・海南島《ハイナンタオ》は、国を代表するリゾート地となった。国内のみならず、海外からも多くのリゾート客が押し寄せる。島は中国で最も新しい「海南省」と括られ省都となる北側の海口《ハイコウ》と南側の三亜《サンヤ》が主要都市で、熱帯気候の三亜の方が「リゾート色」が強い。以前は発展途上だった海南島を一躍、人気リゾート地に押し上げたのが、一本の映画作品だった。江蘇テレビ人気番組と同じタイトルの『非誠勿擾《フェイチェンウーラオ》』は、中華圏で映画史上トップクラスに入るヒットを飛ばし、「インターネットを介して発生する恋愛」をテーマにしている。中国大陸をはじめ香港、台湾などアジア圏を中心に公開された。

主演は、北京出身の俳優・葛優《クーヨー》、台湾出身の女優・舒淇《スーチー》で、脇役として台湾出身のビビアン・スーらも出演している。葛優と舒淇は中華圏で共にトップクラスの人気、実績のある馮小剛《フォンシャオカン》が監督を務めるということで、上映前からヒットは「堅い」ところであった。ロケ地は、前半部分が海南島、後半が北海道。海南島で二人が知り合い、リゾート地も存分に盛り込まれ、後半は北海道へ旅行。海南島だけではなく、北海道も恩恵を受けた。映画を見た中国人観光客は海南島のみならず、挙ってロケ地の釧路市や厚岸町を訪問。日本では一般公開されなかったため、北海道の宿泊施設の関係者は「映画の影響」ということを知らず、「急に中国人が来るようになった」ということに対して「なぜだろう」と思っていたそうだ。北海道、特に釧路地方への中国人の旅行は増え、釧路空港へ国際チャーター便が増えるなど、中国人資本家による北海道の土地購入が増加した。

海南島は、かつて流刑地の代名詞、最果ての地として見離された土地だったという。しかし、1984年に経済特区に指定され、1988年には海南省として独立。インフラも完備するなど、流刑地が一転、リゾートへと生まれ変わった。シェラトンやヒルトンなど外資系のホテルも進出。海南島には、洗練された欧米式の空間が次々と誕生している。

北京で垣間みる「北朝鮮」の横顔

日本ではあまり見ることがない「北朝鮮」の文化。古い時代に北朝鮮から流入してきた人、文化はあるものの「リアルタイム」の北朝鮮は、一部の報道でしか見ることができない。

北京では、北朝鮮の横顔を垣間みることができる。北朝鮮と中国は一定の関係にあり、中国には「北朝鮮」文化が存在する。朝陽区朝外大街にあるレストラン「海棠花《ハイタンホワ》（花の『ハマナス』の意味）」は「北朝鮮直営レストラン」で、北朝鮮政府が実質的に経営しているとされる。日本人も入店でき、中国の普通のレストランと変わらない。チョゴリを着た北朝鮮出身の女性従業員が接客。彼女達は北朝鮮政府高官の娘や親戚など、権力者との血縁関係者が多い。

看板メニューは冷麺、ビビンバなどで、日本にある韓国料理店と変わらないが、過度な写真撮影は「御法度」。このレストランに限らず、中国では一般的に、食堂等の店内での写真は嫌がられる。年配の従業員はカメラを向けられ慣れていないということもあるが、意識はしてないものの写真に写りこんでしまうことで、「衛生基準を満たしていない」「問題のある洗剤」など、インターネットなどで拡散され、衛生局が調査に入ることを避けるためだ。北朝鮮レストランで出された冷麺は、酸味が強いものの、コシや弾力がある。北京では人気で、韓国料理を食べつけている日本人の口ならば「合う」レベルだ。しかし、食を通して僅かではあるが接することのできる「北朝鮮」。冷麺にも「悲哀」が漂う。

北京首都国際空港でも、北朝鮮を垣間みることがある。中国で開催された国際大会に出場した後の、『北朝鮮のスポーツ選手団』が空港内を搭乗客として歩いていた。空港の大きな行先掲示板「フライトスケジュール」には、行き先「平壌」の文字は見当たらない。掲示がない理由は明らかにされていないが、政治的な意図があるともされる。しかし、空港ラウンジ内の行先掲示板には、「ＪＳ（高麗航空）平壌」の文字が表示されている。赤い上下のジャージに身を包んだ選手団。一旦、搭乗待合場に荷物を置いたと思ったら、ゾロゾロと歩いてきて、空港内の熱湯を注ぐタンクのある場所にやってきた。北京市内で購入したと思われる韓国製インスタントラーメン「辛拉麺《シンラーメン》」のカップにお湯を注いで持って行く。母国に着く前に腹ごしらえをしておく必要があるのだろうか。

どこから車が突っ込んでくるか分からない

中国では、信号を信じて行動すれば身の安全は守れるとは思えない。交通法規における日本との違いは、車両右側通行の中国では、右折車は横断歩道があっても減速せずに突っ込んでくるということである。直進車は一応止まるが、右折車は一旦停止せずに突っ込んでくる。日本では「歩行者優先」が基本的ルールだが、中国では車両が優先される。歩行者信号が青でも、車が猛スピードで横断歩道に入ってくるので気をつけなければならない。中国人歩行者も速いスピードの車両が入ってくる可能性を分かっている。中国と日本では、信号に関しての信頼度が異なる。

車道の信号が赤になっても法規を守らず、ノリで交差点を通過してくる車も少なくない。車が守らないなら歩行者も守るわけもなく、正直に信号を守っていてはいつまで経っても横断歩道を渡ることはできないので、歩行者も歩行者用信号が赤にもかかわらず、車が切れる僅かの瞬間を狙って渡り出すという「悪循環」だ。車道と隔離された歩道も、オートバイや野菜等の荷物を載せた軽トラックが一般速度で走行。自分達が優先とばかりにクラクションを鳴らしながら突っ込んでくる。私もはねられそうになったことが何度もある。交通ルールや信号があるにもかかわらず守らない中国。路上での事故は頻発し、街を歩けば、交通事故で手や足を失い、金銭を求める人の姿も見る。

中国では、人通りの多い道路を歩くのがベストだ。信号は「現地の複数の歩行者を盾にするようにして埋もれ、他の群衆に守られながら」歩くのが安全確率として高い。「一人だけでは渡らない方がよい」というのも生活の中で得る基本原則だ。いつ渡るべきか、どこを通るべきかなど、タイミングは現地の歩行者が心得ている。

北京、食の話

「火鍋《ホーグオ》」とは「鍋料理」の意味で、中国には、東北地方の白菜と豚肉を使った「酸白菜火鍋《スワンバイツァイ》」に加え、内陸部の都市・重慶に辛さが特徴の「重慶火鍋《チョンチン》」などが代表的だ。内陸で盆地の重慶、湿度も高く夏は蒸し暑くなるためバテ解消として唐辛子、山椒などをふんだんに盛り込んだ辛い鍋が誕生したが、中華圏全域に「重慶火鍋」は広がり、国内の人気メニューだ。

北京市朝陽区の「寛板凳老灶《クワンバンダンラオザオ》火鍋」は、予約をしてもさらに並ぶ必要があるほど名店で、北京在住者で賑わう。鍋は、辛いスープのみもあるが、辛くない白湯《バイタン》、辛いスープと白湯を境目で分け半々で食べる「鴛鴦《イエンヤン》火鍋」から選べる。牛肉、豚肉、羊肉などの肉類、蝦団子、イカなどの海鮮、しいたけ、青菜などの野菜類から好きな具材をチョイス。辛さを薄めるため、ゴマや魚醤などのタレを調合し、付けダレとして手元に置く。辛いスープのみの場合、基本的に、鍋の中は3×3=9つの仕切り（九宮格《チョーコンカー》）に分けられる。大鍋だと食材がどこに行ってしまったか鍋全体をかき回さないといけないためだ。九つの仕切りに、どこに何を入れるかの簡単なルールを作る。仕切りの中央は、最も火力が強い。

火が通った食材を口に運ぶとしびれるような辛さが襲ってくるが、辛さだけではなく「ウマみ」も十分だ。辛さとウマさこそが、重慶火鍋の醍醐味。山椒のピリピリした辛さも徐々に襲い、時折食べるという北京人ですら「辣死了《ラースーラ》（辛くて死にそうだ）」とつぶやきながら、汗をかき、口に運んでいる。スプライトや王老吉《ワンラオジー》（広東省生まれの漢方を使った甘い清涼飲料水）を飲みながら、辛い鍋と格闘。料金は一人当たり100元（約1600円）程度。中国人は、飲酒ではなく、四川料理や重慶火鍋など辛い食事をしながら仕事の「打ち上げ」をすることがあるそうだ。辛い物を食べ過ぎて腹を壊し、翌日「欠勤」するスタッフもいるという。辛いものでテンションを上げるのも、中国独特の食文化と言える。ただ、辛すぎる食べ物は胃や消化器に過度な負担をかけ、火鍋を食べている最中に吐血し病院に運ばれる人もいるそうだ。

特徴が少ないと言われる北京料理の中で、誰もが満を持して挙げるのは「北京ダック」だ。北京ダック文化は中国大陸のみならず、世界各地の華僑が住むチャイナタウンを中心に流通し、日本でも横浜や神戸の中華街の料理店で食べることができる。卵肉兼用のアヒルを焼いて食べる北京ダックは、アヒルに練り餌を1日2~4回、胃の中へ押し込む強制給餌を行う。かまどの中につるしナツメやアンズの薪で焼く。丸焼きにされたアヒルは、皮を削いで薄餅《パオピン》（小麦粉を練った生地を薄く伸ばして焼いたもの）に取り、甜麺醤、ねぎ、キュウリの千切りとともに巻き、かぶりつく。焼き方は主に2種類。オーブン式の扉付きの炉で蒸し焼きにする製法と、扉無しの炉で、直火で炙る方法だ。北京の専門店には後者が多い。

北京市西城区の人気店「地球村《ティーチョウツン》」には、食堂と隣接した場所に「かまど」が置かれている。アヒルが猛烈な火で炙られる光景は本場感盛りだくさん、食欲をそそる。肉はあまり食べず、皮を主に食べるのが「北京式」とのこと。皮と野菜を薄餅に巻き食べる。日本では一人当たり3000円以上はしそうな北京ダックだが、北京に行けば、一人頭で50元（約800円）くらいから食べられる。

台湾人シェフが経営するカフェが北京で人気

胡同《フートン》は、北京に古くから住む市民の伝統的な生活圏で、細い路地に形成される。生活エリアでもあるが、伝統的な建築様式があるため観光客も訪れる。人気が高いのが、美しい湖（前海、後海）に近い南鑼鼓巷エリアの胡同だ。土産物屋や食堂も並ぶ同エリアに、欧米系、台湾・韓国・日本など世界の観光客から気に入られている「カフェ」がある。台湾人シェフ・董氏が経営する「カフェ・ド・ソファ」だ。董氏は台湾で飲食業の経営者への修行を積み、北京でカフェをオープンさせた。開店したのは、台湾と中国大陸の関係が親密になってきた状況下。「自分の祖父は北京から台湾に渡ってきたため、北京を小さい頃から意識していた。北京にやってきた頃は、不便に感じられ、冬になると冷え込む気候は耐えられず、何度も風邪をひいた」と振り返る。飲食業を始めるための手続きの煩わしさ、難点も多かったと言う。それでも、台湾人独特の細やかなセンスと、店内の落ち着いた雰囲気、台湾で磨いた料理の技術で、オープンさせたカフェは人気店へと成長した。狭い面積ながら、1階から屋上3階に席が用意され、屋上からは、胡同の家屋や沈む夕陽を眺められる。北京テレビや深圳テレビなど、北京で撮影される料理番組に「一流シェフ」としてゲスト出演する機会も多い董氏。カフェは、サンドイッチやパスタなど洋風のメニューも多いが、お薦めは「台湾魯肉飯」（36元／約550円）。

台湾で食べられているものより脂身を減らし、ヘルシーさを強調するが味わいは深く、「北京で味わえる本格魯肉飯」と言われているそうだ。

「店のオープン当初は、現地の人達ともコミュニケーションがうまく取れなかったが、北京の友人も増えた。胡同に観光する人や留学生らも訪れ、再度の訪問の際に立ち寄ってくれる。北京人や外国人の仲間が増えたのが大きな収穫」と語った。

台湾で活躍するアメリカ出身の女性歌手

台湾テレビ界で「ＫＩＭ小姐《シャオジエ》（姉さん）」と呼ばれ親しまれている女性タレントがいる。ニューヨーク出身のキム・キャシディー氏（台湾名では「歐陽姍《オーヤンサン》」と名乗る）だ。台湾で放送されるトーク番組に外国人パネリストとして出演する一方、歌手としても活動。『飄洋過海到《ピャオヤングオハイタオ》台灣《タイワン》（海をさすらい渡って台湾に来ました）』というタイトルのＣＤアルバムも発売した。台湾に来たのは20年以上前、中国語の勉強のためで、芸能活動をする気はなかったが、東洋の文化に触れるうち台湾の歌謡界にも興味を持ち始めたそうだ。アメリカで歌手の経験はなく台湾で初めて「歌手、タレント」を意識するようになったキムさん。

アイルランド人の父親、ポーランド人の母親を持ち、ヨーロッパからの移民2世にあたるキムさんは台湾人の男性と結婚、台北で女児を出産した。テレビ番組では流暢な中国語で特にはユーモアを交えながらアメリカ文化についてトークする。朗らかな性格で他の台湾人タレントからの信頼も厚い。「初めて来た頃から開放的で住みやすく、台湾人も友好的だった。台湾には、伝統を重んじる文化がある一方で、文化に対して改良を加えていくような積極性がある」と語る。

歌手として、台湾歌謡番組で歌唱が評価されたシンガーに贈られる「五燈獎《ウーダンジャン》」を獲得した。リリースしたアルバムには台湾古典調の8曲を収録し、歌詞には「台湾生活での艱難辛苦」を盛り込んだ。ニューヨークは、世界で最も文化が豊かな都市とされているが、キムさん自身も、台湾で文化を受け継ぐ一人の継承者である。

「敏感な話題には触れない」ことこそコミュニケーションの秘訣

中国人関係者とのコミュニケーションにおいて、「タブーだと思われる政治的問題には触れない」ということに留意している。日中間の政治問題やニュース性のある話題が、個人間の話題として中国大陸でも受け入れられるかというとそうとも限らない。ポイントは「どう話すか」よりも「どう話さないか」ということだ。台湾は若干、雰囲気が違う。情報媒体等もかなり過激で自由主義に沿った表現をしているので、ニュース性の高い話題を入れても許容度は高い。しかし、「親日家が多い」というイメージを日本人自身が持ちすぎて訪台した場合、落とし穴にハマることもある。

コミュニケーションには、日本で報じられる「国際ニュース」としての当事国の話題ではなく、現地で報じられる「国内ニュース」を直接仕入れ、話題の中心とする方法が有効だ。台湾ではヤフー、中国大陸では百度《バイトゥー》といった検索サイトが、「芸能」「スポーツ」「経済」「文化」「観光」「グルメ」など幅広くニュースを拾い発信している。私は現地で会うのもほとんどがメディア系なので、「芸能」「テレビ」の話題になる。「誰がどのように人気を得ている」「どういうことが現地で話題になっている」というのは、現地メディアからでなければ得られない部分も多い。自分の好き嫌いではなく、現地の人気を考慮して視聴すれば話題にのっていける。現地で生活する人間も、基本的には、記事や動画サイトを通じて入手するため、情報ギャップは発生しにくい。「ニュースや動画を見る」という習慣付けにおいて、情報から離れないようにすることも可能である。

現地スタッフとの交流食事会で、外国人訪問者にとって「現地の言葉で話し続ける」というのは鍛錬にはなるものの、精神的な労力を使う。話すこと、聴くことから逸らそうとすれば「食べる」「飲む」という行為を続けなければならない。胃腸も無限ではなく、酔いが回りすぎてしまっては、親交も深まらない。その中で現地の関係者とのコミュニケーションを円滑にするツールとして「カラオケ」は都合が良い。カラオケは「歌う」という行為で、親睦会への積極性も見せることができ、画面には字幕があるので「外国語を話し続ける」程の労力を使うわけではない。私自身、台湾や中国大陸の曲を十数曲は歌えるようにしている。番組セリフのように「暗記」するわけではなく、画面に表示される中国語字幕を曲に合わせて読めればよいので難易度は下がる。気をつけなければならないのは、「台湾楽曲」は中国大陸では受け入れられているため、歌うのに問題はないが、台湾で「大陸楽曲」を歌うと不可思議な顔をされることもある。台湾マーケットは香港を除く大陸メディア文化を殆ど受け入れてこなかったので、この点は留意したい。何はともあれ、酒も飲まず、食もほどほどにつまみながら、長い時間かけ親交を深めることができるという意味ではカラオケも便利なツールだ。

5 アジアを跨ぐメディアの創造

中華圏に対するメディア戦略

複数のメディア（ラジオ、新聞、インターネットサイト）と業務提携する中で、頑丈な複合メディアこそが国際化を見据えたプラットフォームといえる。日本からの発信側が抱える課題として、映像では、番組コンテンツの質の向上、シナリオは「世界に通用するストーリー性」が求められる。それらをTV（CS放送を中心に）、インターネット、現地テレビ局への展開、また、インターネット放送システムを利用する手法もある。映像発信は「中国語字幕」をつけることにより、拡大範囲は一気に広まる。文字表記や一部の単語も、大陸と、台湾・香港（港《ガン》台《タイ》）では異なる。中国大陸には簡体字《ジェンティーツー》、港台には繁体字《ファンティーツー》での発信が不可欠だ。一つのメディアに依存するのではなく、メディアミックスとして複合的に、波状的に仕掛けることが効果的で、現地出版社と提携し、雑誌などの紙媒体での展開も有力な方法となる。

これらはインバウンド戦略にも効果的だ。来日する外国人観光客は増加傾向だが、各自治体は誘致に躍起になっている。その中で、映像コンテンツや写真原稿記事は、画面露出や短い尺の広告より、ストーリー性を帯び、効果を発揮する。情報業界における変化はめまぐるしく、メディアのあり方を変容させた。一方で、その変容の様相、度合いは、各国によっても違う。情報業は主に、テレビ、新聞、雑誌、ラジオ、インターネット、スマートフォン、SNSなどを指す。インターネットとテレビや新聞を比較した場合、ハード面での違いは「国境の越え方」だ。テレビや新聞から情報を発信しても、基本的に発信地域を越えることはない。テレビ番組が国外に流れるのは、国外テレビ局やレンタル市場に改めて番組販売をかけるか、あるいは、インターネットの動画共有サイトなどを介して伝わった場合だ。新聞記事も同様で、インターネットサイトで記事が転載されることで伝わる。情報が国外に持ち込まれるためには「インターネット」の力が多分に必要になる。それでは、ホームページやブログなどのインターネットを介し、情報を発信しさえすれば海外の一般市民に情報を提供しうることになるのか。ここには「言語」の壁が存在する。特に、「日本語」は基本的に日本でしか使用されないため、日本語での情報発信は、海外ではほぼ機能しない。インターネットは基本的に視覚世界。音楽やラジオ番組など「音声」を提供もできるが、操作する使用者は、画面を「見る」ことでコンテンツに辿り着き、ほとんどが「視覚情報」を楽しんでいる。したがって、日本から情報を発信しようとすれば、番組であれ、記事であれ、日本語から「ターゲットとする国の言語」「大規模な人口層を持つ言語」に変換、または付記する必要性がある。中国大陸では微博、微信、台湾ではフェイスブック、ワッツアップ、韓国ではＮＡＶＥＲ、ＬＩＮＥなどターゲットとする国で多く利用されるＳＮＳツールを把握し、日本語の特殊性、希少性を理解した上で、情報の発信に努めていくことが効果性に繋がる。メディアの発信手段には、主に、動画、音声、文字（＋画像）がある。発信ターゲットは、日本国内、国外と分けられ、国外の場合も、主に、英語圏、中華圏、韓国語圏に分類される。メディアの構築によって、各自治体の情報を海外に効果的に発信することが可能となり、また、海外の情報を効果的に日本に入れることが可能となる。消費者は「広告にまみれた」情報よりも「リアルに近い」情報を欲している。

地方自治体の国際化へ

台湾と日本自治体の政財界を結ぶ交流イベントが台北市のホテルで行われ、総合司会として参加させていただいた。行政関係者らにも話を聞くことができ、観光面、ビジネス面においても自治体が海外にどのようにアピールするのか、観光客誘致に繋げるのかは課題である。地方自治体として、海外メディア戦略を練ることができれば理想的だが、現地メディアがどのような形で市民に浸透しているのかを、把握し、適切な広告費を投じ、コンテンツを流し込むという海外メディア戦略が重要になる。地方自治体は「観光雑誌」「映画撮影」などを考えるが、効果上昇は見込めない。

日本の業界との提携を図りたいと考える台湾行政関係者、制作関係者は少なくない。その中で、コミュニケーションはできる限り、現地の母語で行うのが望ましい。日本に在住する留学生はほとんどが母国語、英語、日本語という「トライリンガル」話者である。日本でも「グローバル化」が話題になるが、全体として言われていることが「大学を受験するための英語」「TOEICで高得点を取るための英語」というレベルで、「実際に使い込んでいく外国語」としての視点が養われていない。アジア留学生の英語力が突出しているのは、意識レベルの高さにある。北京でも、日本人以上の日本語を話す北京出身の若者を見た。語学は「目的」ではなく「手段」だ。目的とは、ビジネス局面での使用でミッションが成立することであり、「中途半端な語学レベル」ならば「通訳を付けた方がベター」という判断がなされなければならない。つまり、語学は「できる」か「できない」かの二者択一であるという厳しいレベルで養わねばならないということだろう。

中華圏では、テレビ番組に期待できる部分も少なくない。英語を習得したいという人が、原語で放送されているCNNやBBC、ディスカバリーチャンネルを見ておくことで耳を慣らすケースもある。スポーツチャンネルも、生放送、録画放送も含め多くのスポーツが人気不人気にかかわらず、最初から最後まで放送される。日本のように、野球は試合途中から試合途中まで、サッカーでは実況者が過剰な肩入れをして視聴者からクレームが来るということも少ない。スポーツを「一時的な熱狂」ではなく、「選手の技を楽しむ」ソフトとして捉えられる。

中国大陸でも一部、ケーブルは採用されるが、別の省のチャンネルも含め80以上選択できるチャンネルがある。英語放送や、天気予報のみならず、気象や自然災害によって引き起こされた事故などのドキュメンタリーを扱う「気象頻道《チーシャンピンタオ》（ウェザーチャンネル）」も特徴的だ。中国国内のみならず、アメリカなど外国で発生した気象関連のドキュメントも購入し、放送している。

韓国でも安価なケーブルテレビが発達、米軍基地が各所にあり、米軍兵隊用に英語番組を放送していたため、ラジオもテレビも、受信できる地域では「英語が身近な位置にある」という状態が出来上がった。日本でCNNなどの英語放送が原語で見られるようなシステムになれば、「とりあえず家に音声は欲しいのでテレビはつける」人が英語放送を視聴し、英語への耳馴染みは上がる。トライリンガルとは3カ国語を話す話者のことだ。台湾や北京のキャスターには、スペイン語、英語、中国語、日本語などでのバイリンガル、トライリンガルが多数存在する。

台湾情報発信者側が抱える課題

観光交流の顕著な伸びを受け、「ガイドブック」の発行も増えている。観光客のニーズも刻一刻と変わる。「無線ＬＡＮ（Ｗｉ－Ｆｉ）がどこまで通用するか？」「手続きはどのようにしたらよいのか？」「現地で電話回線を利用するには？」「携帯電話を買ってしまった方がよいのか？」など、「通信」に関する疑問は多い。通信さえ確保できれば、町中でインターネット回線を利用し、多くの情報を入手できるからだ。観光客のニーズを無視し、チャイナドレスや小物、鉄道、古い建物の情報ばかりを入れこんだところで、客のニーズの「最大公約数」と捉えていないことになる。ガイドは本当に必要な情報をどこまで提示できるか、メディアの長いスパンでの信頼に関わってくる。

台湾観光する日本人がホテル情報として欲するのは、「窓の有無」「部屋の匂い」「カビ臭さ」「ウォシュレット」「歯ブラシはまともなものが置いてあるか」「地下鉄駅から近いか」、「ビザ、マスターなど日本に流通するクレジットカードが使えるか」「ホテル名の中国語表記と発音」などだ。日本人は、部屋の古い絨毯やシーツやソファーにしみついたタバコの臭いに反応。歯磨きを重視する民族とも言われ、簡素で悪質な歯ブラシしか備えていないホテルでは持参する必要がある。ホテル名は英語読みではなく中国語にカタカナのルビを振ったものを把握しておかなければ、英名を現地の台湾人に伝えても分からない。タクシーに筆談で名前を見せた段階で運転手が「分かるかどうか」が重要だ。台湾ホテルでは領収書を「手書き」で貰おうとしたら従業員がイヤな顔をしたケースがある。サービスも、日本人文化形式への対応度を表示すべきだ。

旅行ガイドには、「おしゃれな雰囲気」「アットホーム」「朝食付き」などの情報が載るが、ライター側の字合わせとも思えるような漠然とした情報は必要ない。台湾は街の至るところに、安くて美味しい朝食屋が並ぶため、食べることそのものに台湾旅の醍醐味があり、ホテル朝食の必要が無い。台湾に関しては「ホテルで朝食を取るのはやめ、朝食は『この屋台で食べるべき！』」くらいに大胆に踏み込んだ情報の方が日本人観光客には有益だ。

台湾テレビ界のネット戦略

日本のテレビ番組が台湾で放送されるケースも増加し、日台の距離感は縮まっている。中国の経済発展によるメディア界の進歩も、台湾に影響を与える。元来、「台湾人はユーモアに溢れている」という視点から、台湾芸能人や司会者は、中華圏メディア界で重宝される傾向も強かった。台湾ではスタジオでのトーク番組の数が多く、日本に最近見られる「内輪ウケ」傾向は少ない中で、一つのテーマについて多角的に掘り下げる傾向が強い。海外の大学に留学したり、大学院修士を取得している司会者やコメンテーターも増え、知識やユーモアが「国際的な」側面が強い。台湾テレビ界の現状について、ある台湾人プロデューサーは「予算不足が激しく、番組の質が低下している。制作側が内容を追求するより、ゲスト側のフリートーク力に依存している現状もある。トーク番組は、様々な論争を引き起こす可能性があり司会者やコメンテーターのコントロールの力量が求められる」と話す。

台湾テレビ界では、「視聴率の信憑性」に対して疑いの声も上がる。大手のリサーチ会社が視聴率データを発表しているが、「実態と違うようだ」「特定の局に対して便宜を図った数字を発表しているのでは」という疑念の声が絶えないそうだ。前述のプロデューサーは「視聴率の信憑性の無さも、番組の質の低下を招いた。高画質化でテレビ局にもシステム変更のため多額の出費が求められ、予算は削られる。大陸の経済発展で、人的交流も盛んになり、台湾人制作者が大陸に渡ることも多い。大陸出資・台湾制作といった提携の様式も増加している。ただ、将来的に関係がどうなるのか予測がつかないところ」と語る。

台湾には様々な思想方向性を持つ放送局、新聞社がある。その中で「独立系」テレビ局とされるグループは、台湾で一般的に話されている北京語（普通話《プートンホワ》）の番組を放送するほか、台湾南部でよく話されている台湾語のニュースや番組も放送している。独立派の民進党の動向などに注目した内容が多く、与党・国民党時代下では、政府批判の報道が多かった。また、「テレビ離れ、デジタル化」の流れを睨み、民視《ミンシ》、華視《ホワシ》、中天《ジョンティエン》、三立《サンリー》、東森《トンセン》、TVBSなどの大手が挙ってユーチューブ公式チャンネルを開設し、1日に数本単位で番組をアップしている。日本でも、ユーチューブを使って番組を配信する傾向も出てきたが、テレビ視聴に誘導する「番宣」やニュースの「特集」のみに限定。日本テレビ局ではネット配信での収益システムは少ない。「無償のサービス」程度の扱いで、「ニュースは数時間経つと腐るため、配信に人員を割くのは、時間、人件費の無駄」と考える傾向が強いためだ。

ニュースチャンネルでは「生放送」と、その「生放送」を収録し、2〜3回のリピートをかけるという手法が取られている。テレビを購入しなくても、パソコンやタブレットでテレビ番組が見られる仕組みだ。1時間の中で、「15〜20分」は生放送で、残りの「40〜45分」は再放送されている。「時刻」や「即時性」は問われない。日本では「他局より先に伝えたい」という「スクープ性」「即時性」を軸にした競争を行うが、台湾では「再放送に堪えられるような構成」が重んじられ、「面白さ」「深読み」「切り口」などが競争されるポイントになる。その分、保存性の高いインターネットサイトにアップロードした時に鮮度を気にせず見られるのは、即時性を売りにしていない台湾の方だ。台湾テレビ局のインターネットサイトには、自社の宣伝などが埋め込まれている。台湾以外の香港やシンガポール、アメリカなど「台僑」が多く住む地域にも展開され、国境を越えた海外ビジネス戦略が打ち出されている。

中華圏をターゲットにした日本のメディアミックスの可能性

上海「星尚頻道」は、中国人から「国際文化紹介チャンネル」として認知度が高い。東京のショッピングやファッション等を特集した番組等も放送している。「湖南衛視国際頻道」なども含め、中国で「ポイント」となるチャンネルと連携し、番組販売などのスタイルで情報を発信する。日本側、中国側の司会者、レポーターには、互いの国に対して造詣の深い人物を配することが重要となる。台湾テレビ局にも「国際チャンネル」を持つネットワークがあり（年代、三立など）、これらの局と提携すれば、シンガポール、マレーシア、ベトナム、香港などでも同様に放送されることになるので、台湾でもテレビ局選びの視点は重要だ。日本では「テレビ離れ」が進み、台湾でもその傾向は見られるが、大陸に関しては「テレビの影響力」は依然として強大だ。大陸テレビ局のコンテンツは動画共有サイトなどを使って欧米圏の華人ネットワークにも拡散する爆発力があるため、大陸テレビ局との連携は効果が見込める。

日本文化の海外発信に繋げるために、字幕を付記するだけでは、十分とはいえない。これまでも日本発ドラマや映画で、海外で受容される作品、されない作品があった。「何が受容され、何が受容されないか」を一概に括ることは不可能だが、「日本言語文化の特質」を注視するのは一義ある。日本文化は、言語に様々な背景が含まれるため、行間を読むことが必要とされる「ハイコンテクスト・カルチャー（高文脈文化）」と言われる。少ない言葉数、間接的な言い回しなどから「推測」することが必要であり、「言葉にならない言葉」や、「無言」からも意味を取らなければならない言語文化は、外国人からは学習が難しいとされる。「いい加減」「微妙」など、局面によってプラスにもマイナスにも取れる言葉は、「文脈を読む」ことでしか理解し得ない。こうした表現が映画やドラマに使用される場合、特に、外国人視聴者にとっては解釈が難しくなり、作品の堪能へと繋がらない。日本人向けの作品に対し、外国人が理解不能に陥るのは「背景が摑めない」ということにもある。『大奥』や『篤姫』など、日本の歴史ジャンルでアジア圏でも受け入れられやすい作品が多いのは、歴史は独自の背景が設定されており、日本人視聴者に対しても「分かりやすく」制作されなければならず、ハイコンテクストでは成り立たないからだ。また、女性の人間関係を示した物語は、国境を越えても理解されやすい概念でもある。ストーリー展開がシンプルにも成され、結果的に、外国人にも受け入れられやすい状態になっている。現代を舞台にした作品でも、「共通して分かるような概念」「共通して分からないからこそその説明の分かりやすさ」が施され、シンプルなストーリー設定が成されていれば、海外でも受容される可能性が上がる。

あとがき

台湾や中国大陸、日本でのメディアを通じた活動で、一番の収穫は「人との繋がり」であろう。国境を越え人との繋がりが保たれるのは、ディレクターや記者といった「同業者同士」という共感であり、どのような形であれ「末永くメディア業に携わる」という覚悟の共有だ。スポーツ選手や教育関係者らとの人間関係構築には、「互いの業務内容と難易度理解」と「業務内容への敬意」が欠かせない。一旦、理解が深まれば、メディア関係者なら情報サイトでの交流が可能である。「プライバシーなどの秘密厳守」という鉄則も、各国共有の概念だ。メディア業に携わる以上、「出さない」という強い規律がない限り、関係は作れない。「会って話したことをブログやホームページに書かれるかもしれない」という危惧、テレビやラジオに出演する機会を持つ人間に対しては「媒体に話されるのではないか」あるいは「放送局関係者や記者に言われるのではないか」といった警戒心を抱かせれば繋がりを築くのは難しい。各地メディアの「地域性」は存在するものの、制作に対する考え方、視聴者までの流れ、手法、力量、目的、圧力など様々な点で、どの地域の制作者も情熱のベクトルには「強さ」を感じた。中国、台湾といった呼称、位置づけなどにも配慮するべきであるが、日本人が第三者的に判断した時に、どの位置を取るべきかに関しても、困難を極めるところである。そういった面も含め、状況を見極め判断しながら日本人表現者としてのポジションを取る必要があるのだろう。

吉松　孝（よしまつ　たかし）

早稲田大学第一文学部卒業。日本の放送局で番組制作、司会業などを経て、台湾テレビ局と業務提携。台湾ではテレビ番組司会、制作プロデューサーとして活動。その後、中国大陸で、杭州、南京、大連、長沙、北京等のテレビ番組に出演。日本と中華圏の都市を往復しながら、テレビ・ラジオコメンテーターとしての出演、取材業などに従事している。

中国テレビ業界 潮流と可能性
テレビの世界からアプローチする中華圏

2016年5月20日　初版発行

著　者　吉松　孝
発行者　中田典昭
発行所　東京図書出版
発売元　株式会社 リフレ出版
〒113-0021　東京都文京区本駒込 3-10-4
電話 (03)3823-9171　FAX 0120-41-8080
印　刷　株式会社 ブレイン

ISBN978-4-86223-955-6 C0095
Printed in Japan 2016

ご意見、ご感想をお寄せ下さい。

［宛先］〒113-0021　東京都文京区本駒込 3-10-4
東京図書出版